· 超级思维训练营系列丛书 ·

挑战你的想象力

李宏◎编著

充分挖掘创意灵感 ——☆—— 激发无穷智慧潜能

中国出版集团　现代出版社

图书在版编目(CIP)数据

挑战你的想象力 / 李宏编著. —北京:现代出版社,
2012.12(2021.8 重印)

(超级思维训练营)

ISBN 978 - 7 - 5143 - 0989 - 8

Ⅰ.①挑⋯ Ⅱ.①李⋯ Ⅲ.①思维训练 - 青年读物②思维
训练 - 少年读物 Ⅳ.①B80 - 49

中国版本图书馆 CIP 数据核字(2012)第 275758 号

作　　者	李　宏
责任编辑	张　晶
出版发行	现代出版社
通讯地址	北京市安定门外安华里 504 号
邮政编码	100011
电　　话	010 - 64267325　64245264(传真)
网　　址	www.xdcbs.com
电子邮箱	xiandai@ cnpitc. com. cn
印　　刷	北京兴星伟业印刷有限公司
开　　本	700mm × 1000mm　1/16
印　　张	10
版　　次	2012 年 12 月第 1 版　2021 年 8 月第 3 次印刷
书　　号	ISBN 978 - 7 - 5143 - 0989 - 8
定　　价	29.80 元

前　言

　　每个孩子的心中都有一座快乐的城堡,每座城堡都需要借助思维来筑造。一套包含多项思维内容的经典图书,无疑是送给孩子最特别的礼物。武装好自己的头脑,穿过一个个巧设的智力暗礁,跨越一个个障碍,在这场思维竞技中,胜利属于思维敏捷的人。

　　思维具有非凡的魔力,只要你学会运用它,你也可以像爱因斯坦一样聪明和有创造力。美国宇航局大门的铭石上写着一句话:"只要你敢想,就能实现。"世界上绝大多数人都拥有一定的创新天赋,但许多人盲从于习惯,盲从于权威,不愿与众不同,不敢标新立异。从本质上来说,思维不是在获得知识和技能之上再单独培养的一种东西,而是与学生学习知识和技能的过程紧密联系并逐步提高的一种能力。古人曾经说过:"授人以鱼,不如授人以渔。"如果每位教师在每一节课上都能把思维训练作为一个过程性的目标去追求,那么,当学生毕业若干年后,他们也许会忘掉曾经学过的某个概念或某个具体问题的解决方法,但是作为过程的思维教学却能使他们牢牢记住如何去思考问题,如何去解决问题。而且更重要的是,学生在解决问题能力上所获得的发展,能帮助他们通过调查,探索而重构出曾经学过的方法,甚至想出新的方法。

　　本丛书介绍的创造性思维与推理故事,以多种形式充分调动读者的思维活性,达到触类旁通、快乐学习的目的。本丛书的阅读对象是广大的中小学教师,兼顾家长和学生。为此,本书在篇章结构的安排上力求体现出科学性和系统性,同时采用一些引人入胜的标题,使读者一看到这样的题目就产生去读、去了解其中思维细节的欲望。在思维故事的讲述时,本丛书也尽量使用浅显、生动的语言,让读者体会到它的重要性、可操作性和实用性;以通俗的语言,生动的故事,为我们深度解读思维训练的细节。最后,衷心希望本丛书能让孩子们在知识的世界里快乐地翱翔,帮助他们健康快乐地成长!

目　录

第一章　生物体的发明

挑战你的想象力

第二章 食品的由来

第三章 工具的创造

挑战你的想象力

第一章　生物体的发明

刮胡子的发现

吉列剃须刀是世界有名的剃须刀品牌,它的老板是一位名叫吉列的外国人。吉列被公认为安全刀片大王。

在没有发明安全剃须刀以前,吉列是一家瓶盖公司的小销售员。他爱科学,有聪明的头脑和敏捷的思维。吉列从 20 岁就开始攒钱,节衣缩食,把所有节省下来的存款都投入到他的创造发明中去。但令吉列沮丧的是,这样过了整整 20 年,他仍然一事无成。

到了 1885 年夏天,吉列被公司派到休斯敦出差。他在返程的前一天晚上买好了火车票准备第二天动身返回公司。但是一件意外的事情发生了,改变了他的一生。

第二天,他睡过了头,正当他急忙起床、刮胡子的时候,旅馆服务生跑来催促吉列:"先生,再有五分钟,火车就要开了。"吉列心里一紧张,手一抖,被刮胡刀刮伤了下巴。

吉列忍着痛擦拭下巴上的伤口,突然一个绝妙的构思出现在他脑中:"如果能发明一种不容易刮伤皮肤的刀子,肯定大受欢迎。"

于是吉列埋头苦干,用心钻研。经过废寝忘食的试验,终于发明出了我们现在使用的安全刀片,吉列也被世界公认为安全刀片大王。

小肥皂的发明

肥皂是我们天天要接触的清洁用品,那么你知道肥皂的由来吗? 它们最早是古埃及人发明的。

在很久以前的古埃及,法老要举行盛大晚宴。这可忙坏了宫里的厨师,他们马不停蹄地干活,却还经常被长官斥责。其中有个十多岁的小厨师,在忙乱中不小心踢翻了灶下一盆炼好的羊油,满盆的羊油全部浇在炭灰里。

"惨了,要挨骂了。"小厨师心急如焚,直掉眼泪。

过了一会儿,他镇定下来,想了想:"不能让别人看见。"他急忙把混有羊油的炭灰大把大把地捧起来,扔到外边,然后利索地洗了手。忽然他发现手上竟然残留着许多白糊糊的东西。显然他没有洗干净,便又去洗了一遍,令他惊喜的是,洗过的手比以前干净多了。

聪明的小厨师意识到自己发现了好东西。他想:"既然我用这种东西能把手洗得特别干净,为什么不把它按照这种配方和比例制作出来供大家使用呢?"

于是他叫来其他厨师:"大伙快来看啊,我发明了不错的新玩意。"小厨师把混着羊油和炭灰的混合物依次分给大家。其他厨师本来以为小孩子在开玩笑,可是使用了这种混合物之后,双手居然变得特别干净。

后来这件事情传到了古埃及国王的耳朵里,他不但没有惩罚那个打翻羊油的小厨师,反而嘉奖了他。法老命令大臣专门制造这种小团团,并下令推广使用这种东西。这种小团团就是我们现在使用的肥皂的雏形。

思维小故事

路畔谍影

一个夜深人静的夜晚,秘密特工人员 180 号以相距六七十米的距离,正在对敌方的间谍进行跟踪。对方突然快速地转进了前方的一条岔路,他快步跟上,却发现那个间谍不见了。

现在,在他的眼前只有一条笔直的道路,两边都是高耸的大厦,没有藏身的地方。

那么,这个间谍到底是如何消失的呢?

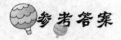参考答案

敌方的间谍藏在180号所站的那个下水井盖子的下面。

穿错了裤子的结果

请问你有没有见到过海军服呢?白色和蓝色相间的上衣,肥大的蓝色裤子,无檐帽后面系着两根黑色飘带,在碧水蓝天之间随风飘荡……身穿海军服的水兵们显得格外飘逸,像一群自由自在的海上精灵。

全世界的海军服都大同小异:海军服的裤子很肥大,前裆没有开口,腰部两侧的衩也是用扣子紧紧连在一起的,裤腿非常粗,完全是女裤的式样。这又是为什么呢?这样的设计自然有它存在的道理。海军服的诞生,与一次海战有密切关系。

1713年,英国的一位普通海军军人约翰·卡尔跟随舰队来到了一座军港。恰巧,他的家就在军港附近,他请示上级后便回家探亲了。一天深夜,一阵紧急出航的汽笛声,打破了睡梦中的约翰·卡尔。被惊醒的他立即穿上衣服,心急如焚地向军舰停泊的方向狂奔而去。

水兵们看到约翰·卡尔都情不自禁地发笑。约翰·卡尔这才发现自己在慌乱中错穿了妻子的裤子,又羞又气。

军舰在大海上乘风破浪,航行了一段时间,突然遭到了敌舰炮火的攻击。约翰·卡尔的军舰被炮弹击中,眼看就要沉没了,水兵们为了逃生,纷纷跳进惊涛骇浪之中。

约翰·卡尔跳进海里,海水呼地一下脱掉了他的裤子。这条肥大的裤

子充满了空气，漂浮向水面上，约翰·卡尔想都未想，伸手抓住充满空气的裤子，就像抓住一个救生圈似的，在海水的浮力作用下，浮在了水面上。

在海面上漂浮了17个小时以后，筋疲力尽的约翰·卡尔终于获救了，而其他32名海员全部罹难。

"妻子的裤子救了我！"在采访中，约翰·卡尔不断告诉记者。记者激动地记下了约翰·卡尔得救的整个过程，并以"妻子的裤子救了卡尔一命"为题发表了一则新闻。很快，约翰·卡尔因为穿错裤子而侥幸存活的事传遍了整个海军，影响很大。英国政府决定立即组织有关方面的专家，对这条"有功之裤"进行彻底、权威的研究。

专家们在研究时想道："这种女裤用扣子连接两边的衩，在水中容易脱落，而且肥大的裤管在垂直落水时能够迅速充满空气而鼓起来，成为名副其实的'救生气垫'。而且这种女裤，能又快又好地卷起来，在做冲洗甲板等活儿的时候极其方便。"

专家们经过激烈的论证后，向英国海军总部提出建议：要求必须对现有的女裤样式再作进一步的改良，然后以改良后的女裤为模板，制造统一的海军裤和海军服。英国海军总部开会讨论了专家们的意见和建议，最后一致通过了这一方案。

在众多科学家的共同努力下，英国终于研制成功了新一代的"能救命的"海军服。这种新式海军服率先成为了英国海军的军装。不久，英国制造出了第一批新式海军服的消息不胫而走，其他国家的海军也纷纷效仿。过了一段时间，这种新式海军服便在世界上流行开来，一直延续至今。

可以说，海军服的发明翻开了海军事业发展的新的一页。

花瓣的启发

在我们的生活中，有一种钩带和绒带结合在一起的新型尼龙搭扣，这种新型尼龙搭扣非常灵巧耐用，它们被广泛应用在服装、鞋子、背包、帐篷、降

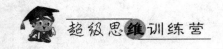

落伞、窗帘、沙发套等生活用品上。

那么这种有钩带和绒带结合在一起的新型尼龙搭扣是由谁发明的呢？是瑞士发明家乔治。

乔治是职业发明家，十分喜欢打猎。

有一天，乔治和往常一样，带着猎狗进山打猎去了。这时候一只灰色兔子突然出现在乔治面前，猎狗"嗖"的一声冲了上去，乔治也快跑跟在了狗的后面。狡猾的兔子钻进了荆棘丛中，猎狗仍然紧追不舍。虽然乔治最终还是打到了兔子，但身上却沾满了紫色的山牛蒡花。

乔治拍了拍衣服，那些花儿仍然牢牢地粘在衣服上。

乔治突然对这种花的花瓣发生了兴趣。他干脆弯身坐在石头上，一点一点地来摘衣服上的花瓣。

"哎，见鬼！这些花儿怎么粘得这么牢啊？"乔治一边想着，一边努力地摘衣服上的花瓣。结果他发现要想把这些花儿都摘下来，是一件非常不容易的事。

乔治想："这又不是胶水，为什么它会挂到衣服上，而且比胶水还粘得牢固呢？"

他认真观察这种紫色的山牛蒡花一段时间以后，突然有了一个想法，他想："这些山牛蒡花的超强黏合力肯定跟它自身的结构有关，也许我可以从这里找到一个新发现。"

于是乔治带了一大捧紫色的山牛蒡花来到实验室。乔治把一朵紫色的山牛蒡花放在显微镜下仔细观察，一下子就找出了答案。原来，这些小花的花瓣表面全都是一些细细的钩子。

"这么看来，小钩子跟绒布碰到就会紧紧地钩住绒布。如果两个对象，一个是带钩子结构的，一个是绒状结构的，那它们就可以咬合在一起不分开了。"乔治得到这个启示后，高兴极了。

于是乔治以紫色的山牛蒡花花瓣为课题，仔细地研究了 8 年。他根据紫色的山牛蒡花的特征，发明了一种钩带和绒带结合在一起的新型尼龙搭扣。

这种新型尼龙搭扣质地坚韧,使用牢固;而且轻便,易于携带,被各种行业广泛地应用。

思维小故事

香烟的联想

E 警长午夜去看望他的老朋友——一位心理学教授,请教刚发生的一起案子。

"3 天前,在郊区某别墅内有一位年轻漂亮的女子被人杀害,根据初步判断,可能的作案时间是下午 1 时 30 分到 2 时之间,而……"

"不好意思,警长。请递给我一支香烟。"教授接过香烟,深深地吸了一口。

警长又继续说:"目前发现两个嫌疑人,一个是死者的男朋友,另一个是上门推销商品的推销员。有人曾在别墅的大门外见过他们,但是他们都说没有进过屋内,只是刚好从那里路过。而警方因为证据不足,无法确定谁是真凶。"

教授仔细地听着警长对案情的描述,而当他听到警方在别墅门口的台阶上找到了一支只吸了一两口的烟蒂时,眼睛突然一亮,迅速问道:"这两个人都会抽烟吗?"

警长立刻回答:"都会抽烟,并且他们身上携带的香烟和案发现场遗落的烟蒂都是同一个牌子,也因为这样,警方才不好确定谁是真凶。"

教授慢慢地吸完最后一口烟,捻灭烟蒂,然后斩钉截铁地说:"凶手一定是他!"

到底教授说的真凶是谁,你能推断出来吗?

参考答案

凶手就是那个上门推销商品的推销员。因为推销员不会一边吸烟一边进屋推销商品的,那是很不礼貌,也是很不符合实际的,因此那支只抽了一两口就捻灭的烟蒂,应该是推销员进屋前丢弃的。可能他在按响门铃之前点着的香烟,等那个女人来开门时,他出于职业本能,捻灭了香烟。至于他是何原因杀害那个女人,这还需要进一步调查。

可以自己包扎的创可贴

人们在受到小面积创伤的时候，一张创可贴是必不可少的。只需要把创可贴贴在伤口处，就不需要到医院去包扎了。这样既能及时处理创口，又能够省去许多麻烦，使人们成功地包扎好自己的创口。

那么这种小巧而又有用的创可贴是怎么发明出来的呢？创可贴的发明，还与一对夫妻间的爱情有关呢。

美国人埃尔·迪克森发明了创可贴，但他既没做过医生也没做过护士，他只是一名普通的公司职员。

在一个美丽的夏天，迪克森认识了一个女孩，在一段时间的交往后，他们结合成为了夫妻。

刚结婚不久，迪克森的太太还不太会做饭，经常因为切菜而划破手指。深爱着妻子的迪克森非常心疼。每次当太太不小心切到手指，迪克森就会精心地帮太太包扎。

"如果我不在家，那谁来替你包扎啊？"迪克森一边给妻子包扎，一边说。

挑战你的想象力

"一定要想一个方便、快速、高效的包扎的办法。这样，太太一个人也能够给自己包扎了。"迪克森不断地想。

一天晚上，迪克森闲而无事地拿起纱布和绷带，开始研究起来。

他先将绷带剪下一条，涂上胶，平铺在桌面上；然后取出一部分纱布，折叠成纱布垫，放到绷带中间；最后把绷带盖上粗一点、硬一点的纱布。他把这个新玩意贴到自己的手指上，结果居然真的可以轻松地贴上去又撕下来呢！

又过了几天，迪克森夫人又一次地划破了自己的手指，那几天迪克森不在家，她就用丈夫为她准备的新玩意，自己进行了包扎，既方便又及时而且十分安全。等迪克森回家的时候，夫人非常高兴地把这件事告诉了迪克森。迪克森激动地握着妻子的手说："只要你安全，我就非常开心了。"这么一个

小小的创可贴,却充分地表达了迪克森对妻子的绵绵爱意。

后来为了让那些"胶"不会因为暴露在空气中太久而失效,迪克森又重新研究,做成了改良后的新产品。就这样,世界上第一块创可贴诞生了!

埃尔·迪克森发明的创可贴,安全而方便,是当代医学史上的一项重要的发明。

剪彩的由来

如今,在许多重要场合,特别是开业典礼上都要进行剪彩活动。作为一种活动仪式,剪彩的过程非常重要。那么剪彩这一种活动仪式,是怎么产生的呢?

它是由威尔斯——美国的一位百货公司的老板发明的。

早在1912年,威尔斯在美国圣安东尼奥市的华狄密镇,开了一家规模较大的大商场。经过各个方面的筹备,威尔斯挑选了一个好日子,准备开张。

为了这次开业,威尔斯筹备了一个隆重的开业典礼。他想:"怎样才能一炮打响,吸引更多的人呢?既要让人知道我的百货公司的商品琳琅满目,又要有些神秘感,把行人都吸引来,让人们想进来看看。"

威尔斯闭着眼睛心里盘算着:"我可以在百货公司的大门上用一根布带拦起来,然后把门敞开着。这样,门外的行人就只能若隐若现地看到里面的商品,而且能巧妙地把人委婉地拦在外面,达到让人越聚越多的目的。待一切准备就绪,再把大门打开,自然就形成了人流'火暴'的场面。"威尔斯想到这里,不禁嘿嘿地笑出声来。晚上,他辗转反侧,越想越兴奋,觉都不想睡了。

开业这天清晨,威尔斯特意安排员工,把大门用一根布带拦了起来。果然到商场门前看热闹的人越聚越多,人山人海。门内的工作人员也在紧张地忙碌着……

突然威尔斯女儿养着的那只哈巴狗从门里往外跑去,只听"哗"的一声,小狗把那根拦在门口的布带"撕"成两截,门外的顾客霎时像海潮一样涌入商场。

威尔斯被眼前的场景惊呆了。

训练有素的工作人员立即投入了工作,纷纷走到自己的岗位上,本来是来看热闹的人群争先恐后地购买商品……

看着商场热火朝天的景象,威尔斯激动得手足无措。他为自己的想象而庆幸,更加感谢那只惹了祸的小哈巴狗。

为此,威尔斯想出了一条妙计,他想:"如果我把布带做成了彩带,请当地有名望的人来剪断彩带。这样,既能招徕更多的顾客,又能提高自己的名望和地位,可谓一举多得。"

后来威尔斯的第二家公司也筹备完毕。他再次想起了那根布带,想起了惹祸的狗。威尔斯按照自己上次的想法,把布带做成了彩带,还邀请了当地有名望的人来剪断彩带——这个办法的正确性立即得到了验证。威尔斯的第二家商场也红火起来。

于是各地的商人纷纷效仿,在开店仪式中,添加了"剪彩"的环节。到如今,世界各地的许多重要场合,特别是开业典礼上都要进行剪彩活动。

思维小故事

认马妙法

有一天,在两个毗邻的农庄里发生了一件不愉快的事情。A 农庄和 B 农庄的主人为一匹马的所有权而起了争执。

"这匹马是我家的,我家的马大部分都是枣红色的。"

"枣红色的马谁家没有? 我家这匹马只是碰巧跑到你家去而已。"

他们都说这匹马是自己农庄里的。

因为争执不下,他们只好找法官评理。法官让工作人员把那匹马牵来,检查一遍后又命令把这匹马放入一个马群里,这个马群里有十几匹枣红色的马。然后法官让 A 农庄和 B 农庄的主人分别去认马。

结果,法官很快就判断出这匹马真正的主人是谁了。

聪明的朋友,法官是怎样判断的呢?

参考答案

法官让工作人员在那匹马的身上做了个小小的记号,然后将它放进马群里,再叫来 A、B 农庄的主人去辨认。而真正的主人很容易就能从马群中认出自己的马来。

为马儿减轻负担

在很多年以前，马匹是最重要的交通工具，它在交通运输中起着不可或缺的作用。

一次，20岁的德国人奥托，看到一匹匹马拉着沉重的后车厢，大声地喘着气，卖力地来回奔波着，十分辛苦。

"能不能设计制造出一种发动机，把它装在马车上，为我们可怜的马儿减轻一些负担呢?"奥托看着路上的各式马车，突然冒出了这个念头。

恰巧此时法国的工程师鲁诺瓦，正在将他设计的两冲程内燃机安装在马车上，在巴黎街头当众展出。

奥托观看鲁诺瓦的机器马车时极其认真专注，他通过仔细的观察和科学的计算，找出了它不能成为实用品只能是展品的原因：气体燃料发动机的热效率太低，消耗的燃料比蒸汽机大得多!

他想道："我要设计制造出一种新型的、高效的、能在道路上奔驰的机器马车，使机器马车成为人们日常的交通工具。"

奥托在校时是一名成绩优异的学生，可是由于早年丧父，他16岁时便辍学了。奥托为了生计，在一家小型的杂货铺找到了一份工作，当起了学徒。他从来就没有受到过高等教育，要想发明一种新型的机器马车，这就像精卫填海一样困难!

但是奥托没有被困难吓倒，他一方面卖力地自修文化知识，一方面反复地对新型的机器马车进行一系列的研究试验，终于得出了一个结论："解决问题的关键有两个：一个是采用怎样的燃气，燃气与空气要达到什么样的比例，才能最好的发挥效能；二是活塞的运动方式，怎样使进气、压缩、点火、排气这4个过程一气呵成，不浪费燃料。"经过多次尝试，他设计了一种4个汽缸联合运动的四冲程式发动机，并把它画在了设计图纸上。

可是普鲁士专利局说他的发动机缺乏理论依据，不予受理。

挑战你的想象力

— 13 —

听到被驳回的消息后,奥托心想:"如果我不能成功申请专利,那就意味着我的发明不能转换成产品,就不会有制造商与我合作生产我自己的内燃发动机,更重要的是:我的发动机的发明实验就不会有后期研发资金了。"

幸运的是,一位名叫朗根的朋友资助了他。奥托非常珍惜朗根给予自己的资助。

奥托对设计方案进行了反复的改进和修正,不断加长进气道,改造了汽缸盖,使内燃机更加完善。内燃机生产出的第一号机每分钟可转 100 转,燃料节省了 2/3。奥托的实验终于成功了! 他制造的内燃发动机成了人们争相采购的商品。

古老的马车终于离开了历史舞台,人类的生活方式被奥托完全地颠覆了。现在,人们已不再用马车来作为交通工具了,我们看到的两个轮子的摩托车、3 个轮子甚至 4 个轮子的汽车就是由奥托发明的内燃式发动机来提供动力的。

两脚捣水的发现

轮船,大家都看到过吧! 其实,现代轮船的动力原理和一个小朋友的一个小动作有关。这个小朋友就是后来闻名遐迩的美国工程师富尔敦。

一个夏天的中午,富尔敦趁着大人不注意,独自去河边钓鱼。他看见河沿上有一条小船,便解下缆绳,登上小船,摇着木桨向河中心划去。可惜天公不作美,这时忽然刮来了一阵大风,富尔敦拼命地划动木桨,努力想把小船划到岸边。可是富尔敦无论如何也无法控制好船向。他急得满头大汗,只好跳入河中,游回岸上。

筋疲力尽的他躺在岸边,眺望着河中央被风吹得来去飘荡的小船,心里不禁想:"顶风的船为什么就划不动? 能不能想出一个办法来,让船能自动前进呢?"

晚上,富尔敦躺在床上辗转反侧,苦苦地思考这个问题。第二天,他又来到了那条河边，安静的河面上有几只天鹅在自由地嬉戏。

他跳上那只小船，心里想着昨天的问题，完全忘记了划桨，两只脚垂在船舷上，荡来荡去，拍打着水面，搅动着河水。不知不觉中，小船已经漂到了河中央……

富尔敦发现自己身处河心之后，脑中灵光一闪："两只脚不停地晃动，就能使船前进，那能不能用机器来代替两只脚呢？"

富尔敦思考了片刻，便立即飞奔回家。回家后，富尔敦赶忙把设想画在纸上，画着画着，他不禁兴奋地大叫起来：

"就是这样，就是这样！"

富尔敦脑海里已经出现了轮船的雏形："船上装一个轮子，轮子上布满风车似的桨叶，轮子不断的转动，桨叶就会被带动起来，拍击河水，就像用脚搅水一样，使船前进。"

富尔敦看着自己设计的船、桨叶、轮子，心想：如果要把这种安全高效的轮船研制出来；并且把它大量普及，就能使坐船的每一个人都能安全、快捷地到达自己的目的地。

后来富尔敦慢慢长大了，他为了能够实现自己的理想和抱负，收集了大量有关物理学的资料，刻苦钻研有关造船的专业知识。终于在 1807 年，他制造出了世界上第一艘用机器推动前进的船只——轮船。

后来，科学家们对轮船的不断改进，使轮船的安全、快捷、高效、低成本的优势更为突出。而轮船也在诸多交通工具之中脱颖而出，成为重要的海上交通工具。

挑战你的想象力

思维小故事

伤口在哪里

　　某老板突然暴毙在自己的别墅中,警方得到消息立即赶到现场。

　　经过一番现场勘察后,警方发现死者除了在摔倒时将额头部位撞肿外,全身上下没有找到任何伤口。并且,在现场也没有找到任何作案工具。而在死者身旁发现了一个只吃了一口的面包,警方初步判断死者是在吃这个面包时遇害的。取证的警官在捏了一下面包后,吃惊地发现面包被咬过的一端特别坚硬,这使他产生了疑问。

为了能够彻底调查出死因,警方要求进行尸体检验。根据检验报告显示,死者是中毒身亡,而且毒药一定是由伤口渗入的,因为在死者的血液中检查出毒素,而在其胃里却什么也没发现。

这一结果使警方更加不明所以,既然死者身上没有伤口,毒药是从哪里进入血液的呢?

参考答案

毒药是从口腔中进入血液的。因为凶手把糯米糊之类的物质抹在了面包的一端,使面包变硬,再把毒药涂在变硬的面包上面,当这个老板在吃面包变硬的部分时用力一咬,口腔被割破,毒药便由此进入到血液中。

皮鞋的诞生

很久以前,人们都是赤脚行路的。有一位国王出行时突然遇到了瓢泼大雨,道路泥泞难行,行路耽搁下来。

几天后,烈日当空,国王带着随从继续前行。由于刚下过雨,泥路上有坑坑洼洼,太阳光的暴晒后,就如同狼牙一般,尖锐刺脚,再加上有许多碎石头,国王的脚被扎得火辣辣的疼。

回到皇宫后,国王立即召集大臣,开了一个紧急会议,下命令要将全国所有的道路都铺上一层牛皮。

大臣们摸不着头脑,纷纷询问国王这么做的原因。

"这还用问吗?这是为了造福百姓,让他们走路时,不再受刺痛之苦。"国王解释说。

可是大臣们感到非常为难:就是杀光国内所有的牛,也筹集不到足够铺路的牛皮呀!

这时候,一位年轻的大臣提议说:"如果用牛皮来铺路的话既费时间又

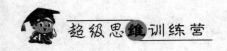

费力气,而且容易被风雨腐蚀,不如用两块小一点的牛皮把自己的脚包住,然后穿着它在路上行走,这样不就解决问题了吗?"

国王一听,大喜过望,连连称赞这位大臣具有超常的智慧,并采纳了他的建议。这个故事据说就是皮鞋的由来。

章鱼的启示

20世纪50年代,日本掀起一股运动热潮,运动衣裤、运动鞋帽成了畅销货。

一个叫鬼冢喜八郎的商人察觉到了这一趋势,就想:"如果我能制造出一款独特的运动鞋,占有一定的市场份额该多好啊。"

虽然这样盘算,但是心里还没有底。自己的公司是个小公司,和那些具有垄断地位的大商家来说,只是沧海一粟,怎么和他们比呢?

一天,鬼冢喜八郎应邀观看了一场十分激烈的篮球比赛。赛后,鬼冢喜八郎和一些篮球运动员们进行了交流,询问他们对运动鞋还有什么要求。队员们一致认为,现在的运动鞋止步不稳,容易打滑。

鬼冢喜八郎心想:"这就是个机会,一定要抓住呀!集中精力开发篮球运动鞋,击中最主要的目标去攻克,只有这样才能与大公司竞争。"针对这一特点,他马上对鞋底的花纹样式开始做起了实验。

"什么样的花纹不打滑呢?"他整天用心地思考这个问题,但始终没有想到答案。

过了几个月,正当鬼冢喜八郎对运动鞋鞋底花纹样式一筹莫展的时候,幸运之神光顾了鬼冢喜八郎。

这天,鬼冢喜八郎和朋友一起出去吃午餐,他在海鲜餐馆点了一份章鱼。他吃的时候发现,章鱼的腕足内侧有个大吸盘,便脑子灵机一动:"如果我把运动鞋的鞋底做成吸盘式的,不就可以随时止步了吗?"

顺着这个思路,鬼冢喜八郎收集了许多有关章鱼的资料,得知乌贼、水蛭等动物的身上都有吸盘器官,可以使自己附着在其他动物身上。

鬼冢喜八郎对动物身上的吸盘有了足够的了解后,决定用模仿动物的方式制造出一款新型运动鞋。

又过了一段时间后,在鬼冢喜八郎不断的实验和改良下,终于制造出了凹形(吸盘形)运动鞋,这款运动鞋不仅舒适轻便,也可以防滑。

这款新型运动鞋一推出,就受到了广大篮球运动员们的喜爱。大量投入生产后,一度成为当时鞋业市场中的佼佼者,几乎垄断了整个市场。

思维小故事

邮票藏在哪儿了

挑战你的想象力

4 月 20 日是日本的邮政纪念日。1871 年的这一天,日本发行了第一枚邮票。下文中讲述的就是因为一枚稀世老邮票而引发的事件。

日本一名邮票收藏家竹田秀夫,在纽约的一家邮票拍卖所和美国的集邮商竞争,最终以高达 15 万美元的拍卖价格买到一枚"邮局邮票"。

这枚邮票是在 1847 年印度洋上的一个英属殖民地毛里求斯岛发行的。那个时候,岛上连一个像样的印刷所都没有,邮票是由一个钟表匠采用凹版印刷制作的,可能是一时疏忽,他竟把"POST·PAID"(邮资已付)的字样刻成"POST·OFFICE"(邮局)。后来,经过查证,这类邮票目前存世的仅有 26 枚,称得上是珍品中的珍品了。

在拍卖结束之后,竹田秀夫躲开记者们的采访,悄悄离开了拍卖市场,打算以最快速度回到下榻的饭店,慢慢欣赏这款用 15 万美元巨款买到手的珍品。

但当他来到地下停车场,刚走到汽车旁想要拉开车门时,后脑被人用钝器突袭,当即就失去了知觉。

当他苏醒后,见自己的手脚被紧紧地捆绑着,关在一间不知是何处的汽

车库里，身边站着3个戴着墨镜、穷凶极恶的人。竹田秀夫马上观察了一下四周，便断定他们是一伙专门抢劫世界上名贵邮票及货币的抢匪。因为在不久前，伦敦、巴黎等地就多次发生名收藏家遭劫、贵重珍品被抢的案件。竹田秀夫早有防备，已将邮票收藏妥当，但他无论如何也没有料到刚一出拍卖市场就遇到打劫。

"你想保命，就老实地把邮票拿出来。我们只要那张旧邮票。"抢匪头目用手枪指着竹田秀夫威胁说。

"什么旧邮票？我不清楚。"竹田秀夫假装糊涂。

"你别装傻！你从拍卖市场出来我们就一直盯着！"

"那好吧，你们就随便搜好了。"

两个抢匪手下搜遍了竹田秀夫的衣服口袋，但口袋里只有旅行支票、

300 美元现金、手绢和汽车钥匙，以及一张使用过的明信片。明信片上绘有富士山图案，是从日本寄来的。

"是不是明信片上贴着的这张邮票？"

"当然不是，这在日本是极普通的纪念邮票，别看尺寸挺大，可价值连一美元都不到。"

"可是，我们没见到有其他的邮票呀？老大！邮票不是被这个家伙藏在拍卖所的寄存柜里了吧？""不会的。他只去了一趟卫生间，就马上到停车场了。而且他怎么可能舍得把花了 15 万美元高价买到的邮票轻易地放在什么地方呢！过来，把他的衣服都脱掉，仔细搜搜！就一张小小的纸片，也许藏在衣服里或鞋里。"

抢匪们脱光了竹田秀夫的衣服，用剪刀把西服和内衣一点点撕开，把鞋用刀子割成碎片，从头到脚仔细检查了一遍，当然头发里也没放过。但最后还是没找到那枚价值 15 万美元的邮票。竹田秀夫到底把邮票藏到哪里了呢？

参考答案

竹田秀夫将邮票先贴到富士山图案的那张明信片上，然后在这张邮票的上面再贴上普通的纪念邮票。

人造血液的发明

在 1965 年的一个冬天，克拉克教授正在做实验，一只实验老鼠掉在了一个盛满氟化碳的广口瓶里。

小白鼠在盛满氟化碳的广口瓶里游来游去，过了 3 个小时才被实验室工作人员发现。

克拉克教授看着刚刚从瓶子里出来的小白鼠，非常激动："这瓶溶液是

用来制作麻醉剂的，小白鼠在溶液里那么久，居然还活着。这里面肯定有原因。"

克拉克教授立即着手对这件突发事件进行研究，原来氟化碳等氟酸化合物可以释放出大量的氧气和二氧化碳，靠着氟化碳等氟酸化合物释放出的大量氧气，才让小白鼠存活下来。

这时克拉克教授想到："人类血液中的红细胞，也是和氟酸化合物一样，是负责输送氧气，运载二氧化碳的。那么氟酸化合物可以代替人类的血液。如果这个设想能够顺利实现，人造血液（氟酸化合物）在医学上就可以树立一个新的里程碑。"

然后克拉克教授不断地在千余种氟酸化合物中做实验。在数不清的失败后，克拉克教授终于成功地找到了一种能和血液混合，而又不会对人体有伤害的人造血液，并成功地被广泛应用于医学界的许多领域。

人工授粉的秘密

大家知道什么是人工授粉吗？人工授粉就是人类用人工的方式，代替蝴蝶、蜜蜂，还有大自然里的风来为果树传授花粉。

来自前苏联的米丘林，就是为果树进行人工传授花粉的"第一人"。

米丘林的父亲是一位业余园艺师，在米丘林还是幼儿的时候，父亲就为他种了一棵中国苹果树。可是直到米丘林8岁，这棵中国苹果树才结出比樱桃还小的苹果。为此，米丘林暗暗发誓："长大了，我一定要种出能结又大又甜的苹果的苹果树。"

在中学时，他不满学校枯燥的教育方式，与任课老师产生了分歧，被校长赶出了学校——他辍学了。接着父亲因为积劳成疾，离开了人世……米丘林生活压力越来越大。

后来他拼命工作，积攒了一点儿钱，便在自己的住处附近，开辟了一块小小的果园，米丘林为小时候的理想的实现做了有力的铺垫。他在自己的果园里种上了中国苹果树,开始了改良苹果树的试验。

邻居们看了,都纷纷笑话他:

"穷光蛋搞研究,真是不自量力。"

"种这些连半个卢布都不值的东西,不知道他是怎么想的。"

"傻子做傻事,不是天经地义吗?"

这些话传到米丘林耳朵里,他十分伤心:"为什么人们都不来支持我,反而刻意中伤我?我一定要用别人没有用过的方法,种出别人种不出的果子。"

米丘林根据长辈传授的经验得知:果实的大小与果实的花粉质量有关。于是他请南方的克里米亚和高加索地区的园艺师们帮忙,恳求他们把能结出又大又好的苹果花粉寄到北方来,用来改良自己北方果树的品种。

园艺师们接到信后,对米丘林给予了很大帮助,纷纷挑选了上好花粉寄给了米丘林。他接到这些花粉后,十分欢喜,把这些花粉分成了好多份,当果树开花的时候,小心翼翼地撒到果树的花蕊上。

"可是这些花粉容易被风吹跑或被小昆虫弄走,这样,花粉的质量又降低了。"米丘林站在果树林里寻思,"怎样才能解决这个问题呢?"

米丘林独自徘徊在小果园中,埋头苦思,直到天黑才动身回家。米丘林无意中看到了天花板上的电灯,眼前一亮:"我可以用纱布罩子把一朵朵人工授粉的花朵罩起来。这样,既避免了蜂蝶等昆虫来'骚扰',又保证了空气和阳光不被隔开。"

于是第二天,米丘林用纱布罩子把人工授粉的花朵一朵朵罩了起来。

几个月后,当米丘林打开纱罩,他终于看到了亲自人工授粉的花朵结出了果实。虽然没有他以前希望的那么大那么甜,但是人工授粉的实验毕竟成功了。

然后,米丘林为了让果园的果树结出更大更好吃的水果,还发明了另一种水果栽培技术——嫁接技术。使用了"嫁接技术"培育出的水果口感更清新,而且余味无穷。

米丘林也为此成为了世界著名的园艺家。

思维小故事

惩凶的煤气

　　德比四处流浪,他每天都在街头替人画像,以此来维持生计。他经常露宿街头,哪怕是很累很累的时候也不愿意回到他那个简易的家。对他来说,家是一个让人感到恐惧的地方,尤其是楼下邻居桑切斯在家的时候。

　　他的家是一个不到15平方米的小房子,里面很脏乱,也很拥挤。每到刮

风下雨,总觉得薄薄的墙板可能随时都会被刮走。楼下的邻居桑切斯却对德比的这个简陋的落脚点非常不满意。他认为,屋子以上的空间都应是属于他的。

从德比搬来的那天起,他就一直和德比作对,甚至有时还恐吓要杀掉德比,逼迫德比搬家。使得德比没有睡过一个安稳觉。

这天天气预报说晚上将会下大雪,所以德比不得已要立即回家。刚走上楼梯,气急败坏的桑切斯就把德比堵在楼道里,威胁他说:"穷画家,我不是曾经提醒过你别再回来了吗? 小心我今天就杀了你!"德比低下头快速地绕过他,爬到楼顶的小屋里没有再出来。就这样胆战心惊地过了一夜。

第二天,德比被一阵急促的警铃声惊醒。他急忙起身,只见桑切斯的屋子已经被警察包围,里面还不时散发出一股刺鼻的气味。不一会儿,桑切斯被抬了出来,法医在给他测量了心跳血压后摇了摇头,于是警察在他的身上盖上了一幅白被单。

当警察得知德比曾和桑切斯结怨后,便来到德比的家,并检查他的房间。当他们搬开德比的床时,只见床下的楼板竟然被割了一个大窟窿。原来,桑切斯趁德比不在家的时候,割下了位于德比床下的天花板。昨天,他趁德比熟睡的时候,对准天花板上的洞,打开了煤气罐。本以为煤气应当会顺着洞口源源不断地进入德比的屋子,最终把德比熏死。但是不可思议的是,德比毫发无损,而躲在浴室里的桑切斯却因为煤气中毒而死亡。

德比怎么也想不通,可是事实却摆在眼前。你知道是为什么吗?

参考答案

由于煤气比空气要轻,所以大家都认为煤气应当往上空飞,但是,它在空气中并不是呈直线上升的。由于空气对流的影响,煤气会首先在房间内扩散,并和房间内的空气混合在一起。桑切斯以为煤气会笔直地上升到楼上的房间,可是没想到它会首先在自己的房间内扩散。所以,桑切斯为自己的这个歹毒的想法葬送了自己的性命。

挑战你的想象力

冰天雪地用耳罩

有一个名叫切斯特·格林斯特的男孩,非常迷恋滑冰运动。圣诞节那天,妈妈给他买了一双溜冰鞋作为圣诞节礼物。收到礼物后,切斯特·格林斯特异常高兴。

"这个寒假我将会过得非常愉快。谢谢妈妈!"切斯特马上换上溜冰鞋,来到户外开心地滑起冰来。没多久,切斯特双耳冻得通红,哭丧着脸回到家里。"宝贝,你怎么这么快就回来了,为什么不去多玩一会儿?"妈妈很纳闷地问切斯特。

切斯特撅着嘴巴,沮丧地说:"哎,我也想多玩一会儿啊,可是这该死的天气,冻得我的耳朵都快掉下来了……"

妈妈心疼地走到切斯特跟前,用温暖的双手捂住切斯特冻得通红的双耳,想让这对小耳朵暖和暖和。

渐渐地,切斯特感到自己的耳朵,不再僵硬、发冷,变得非常暖和舒服。妈妈这个小小的动作,使他突然产生了一个念头。他想:"假如有一件暖和的东西捂着耳朵,我不就可以继续玩了吗?"

切斯特激动地握住妈妈的双手,把这个新颖的想法告诉了妈妈。妈妈听后,非常支持他,她说:"这是一个很好的创意,切斯特,大胆地去做吧,妈妈支持你!"

于是,切斯特在妈妈的帮助下,找来了一些铁丝和羊毛,先用铁丝圈成耳朵的形状,再紧贴着铁丝缝上柔软、暖和的羊毛。

就这样,世界上第一个耳罩在切斯特手中诞生了!

用这个新型的耳罩来捂住双耳,切斯特又可以在冰天雪地里溜冰了!周围的小朋友,看着他的耳罩都觉得很新奇,他们要求切斯特把耳套给他们试戴一下。

"哇!真的很缓和很舒服。"小伙伴们称赞并请求切斯特给他们做一个,切斯特得意极了。

4年后，切斯特·格林斯特到国家专利局申请了耳罩的专利，并且在朋友的帮助下成立了一家专门生产耳罩的公司。

又过了几年，切斯特发明并且生产的耳罩成为人们在冰天雪地里必不可少的保暖器具，并且风靡了全世界，流传至今。

救命的脖颈夹板器

1987年4月，在第15届日内瓦国际发明与新技术展览会上，阿莉德·婷因发明的脖颈夹板器，获得了世界知识产权组织每年向当年最优秀的女发明家颁发的金奖。

阿莉德·婷不是什么科学家，更不是什么科研人员，但是她利用自己敏锐的触觉和丰富的想象设计出了这个几乎每个医院都在不断使用的医疗器具——脖颈夹板器。

阿莉德·婷从事发明并没有什么了不起的动机，她只是想减少一些病人的痛苦，增加他们的治愈能力。她做这项发明时已经40多岁了，但是她从未放弃过这个造福人类的设想。

1936年4月6日，阿莉德·婷出生在挪威首都奥斯陆附近的一个农庄里。她的父亲虽然以务农为生，可却一直爱好发明创造，他申请了十几项发明专利，在当地颇有名气。受父亲的鼓励，她对科学发明也特别感兴趣。

阿莉德·婷在25岁时结了婚，家庭负担较大，但是她一直没有放弃对发明创造的热爱。

45岁那年阿莉德·婷获得了到奥斯陆大学注册学习的机会。1984年的一天，阿莉德·婷往学校走去，可是交通突然阻塞，人们围在一起。阿莉德·婷走进人群一看，原来是发生了车祸。其中一个男人一只脚卡在废车堆里，身子无法动弹，他的头部正汩汩地流着鲜血……

"他的头骨破裂，千万不要轻易搬动。"学过一些护理知识的阿莉德·婷

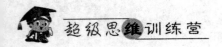
对赶来救护的人说。

"要是把颈椎弄伤了,即使医院里有最好的外科医生也无能为力。"边上的人摇着头说。

"是啊。"阿莉德·婷实在不忍心继续看着这个男人血流满面的样子,她压抑着内心的恐惧回到了家里。

躺在沙发上,她的眼前反复出现着那个男人满身是血的惨状。她突然冒出个念头:"能不能用传统包扎断腿、断臂的夹板来包扎断裂的颈椎呢?或者说,能不能发明一种这样的夹板呢?那样的话,人们就不用担心在搬动受伤者头部时会弄伤颈椎了。"

她决定马上进行这项十分有意义的研究。她从一个门外汉开始,系统地学习了人的生理知识,对解剖学、骨科学、护理学等有关的学科进行了认真的研究,并走访了一些骨科医生,随后开始设计脖颈夹板器,用两块板子夹住脖颈,搬动头部时,颈椎可以避免受到损伤。经过一次次试验,3年以后,阿莉德·婷——这个普通的家庭妇女,终于完成了这项拯救人类生命的发明。

"我在发明脖颈夹板器的时候,只是想,能为承受痛苦的人做点事情,就是自己最大的幸福。"这就是阿莉德·婷在第15届日内瓦国际发明与新技术展览会上领奖时的感言。让我们记住阿莉德·婷,感谢她的发明为延续病人的生命做出的有力的贡献。

思维小故事

吃人的老虎

玛莉是动物园里的一名美丽而又热情的驯兽师,主要负责训练狮子和老虎等猛兽。这些平时凶猛无比的野兽,一见到玛莉就变得温驯听话。在玛莉的悉心照顾和训练下,老虎和狮子学会了钻火圈、滚球等项目,并成了

动物园里的大明星！

　　每次动物园举办动物表演，最后一个保留节目一定是由玛莉和老虎来表演：老虎张开血盆大口，将玛莉的头含在嘴里。

　　这天，正是动物园举办表演的日子，许多游客都慕名而来观看玛莉的驯兽表演。老虎和狮子在玛莉的指挥下既聪明又驯服，让观众们发出啧啧的赞叹。

　　终于到了最后一个压轴节目，玛莉打算像以往一样把头伸进老虎的嘴里，观众的心都提到嗓子眼，玛莉却一点也不紧张——她和老虎已经配合了不知道多少次，她已然胸有成竹。

　　在玛莉的指挥下，老虎温顺地张开了大口，玛莉则不慌不忙地给全场观众行了个礼，然后弯下腰把头伸到老虎嘴里，这时，观众席发出了潮水般的掌声。

可正当玛莉把头抽出来的一刻,老虎嘴角上翘,表情好像微笑一般的恐怖。接着便将嘴一合拢,玛莉顿时血流不止!

台下的观众们都惊呆了,老虎也好像受到了惊吓。它将玛莉的头吐出来,并不停地用舌头舔她的脸。其他驯兽师迅速冲上舞台把玛莉了救出来,但玛莉因为颈部血管破裂,失血过多,已经无力回天。

动物园园长不可置信的看着这一切,根本无法相信这样可怕的事实,最有天赋的驯兽师玛莉竟然会被自己驯养多年的老虎咬死!这怎么可能?

他强烈要求警方全力调查,务必找出玛莉的真实死因。可是警方认为事情已经非常清楚,玛莉是被老虎咬死的,而且全场观众都是目击证人,还有什么好调查的呢?情急之下,动物园园长只好找到了私家侦探布莱尔,请他来调查这个离奇的案件。

布莱尔仔细听完事情的经过,问道:"当时老虎已经喂饱了?老虎的情绪怎么样?"

园长肯定地回答道:"老虎在表演前绝对已经喂饱了,而且当时的情绪也非常好!而且就算它饿着肚子或者心情很糟,也绝不会袭击玛莉的。因为他们之间就像家人,有很深厚的感情。"要是这样的话,就奇怪了,布莱尔心想。他继续问道:"那么,当时还发生了什么奇怪或者特别的事情吗?"

"你这么一说,倒觉得有一件事情很奇怪。"园长说,"但不知道是否重要。有观众曾对我说,老虎在合上嘴以前,曾露出了一个好像微笑的表情。"

微笑?老虎?那太不可思议了!布莱尔认真地思考着。好好的老虎为什么突然会笑呢?想着想着,他似乎想到了什么,恍然大悟道:"我知道了,玛莉是被人谋杀的,这个凶手真是太狡猾了!"

"真的?"园长急忙问道,"那么凶手是谁呢?"

布莱尔镇定自若地答道:"据我分析,应该是玛莉的发型师!"

为什么通过老虎的微笑布莱尔就能推测出凶手呢?

这是个非常残忍和狡猾的凶手！他想杀掉玛莉，但又想做到人不知鬼不觉，便想出一个借刀杀人的办法，借老虎来行凶。他在给玛莉做造型时将有刺激性气味的物质涂在玛莉头上，而老虎在闻到这种气味时会忍不住想打喷嚏，于是露出笑一般的表情。由于喷嚏的力道很大，所以玛莉的脖子被咬断了，凶手的目的也就达到了。

体温表的制作

伽利略是举世闻名的科学家，他的理论和创造是世界科学史上一块璀璨的瑰宝。

这一天，伽利略在威尼斯的一所大学里授课，他在给学生上实验课。他边操作边问学生："当水的温度升高，特别是沸腾的时候，水为什么会上升？"

"因为水沸腾时，体积增大，水就膨胀上升。"

"水冷却时，体积缩小，所以就降下来。"

伽利略听了非常满意地朝学生们笑了笑。突然，伽利略脑中灵光一闪："许多病人的体温往往会升高，我们却观察不到。能不能想个办法，准确测出体温，帮助诊断病情呢？"

400年前的世界是没有体温表的，医生不能使用任何"测量体温"的器械，只能根据经验给病人诊断病情。

伽利略感到这是一个给病人带来福音的机会。于是他用手握住试管的底部，试管内的空气逐渐变热，然后倒过来插入水中，再松开手。这时水被吸入试管内并慢慢上升。当他重新握住试管时，水又被压下去了。

"我可以根据水的上升下降，来看出人体的体温变化。"伽利略喃喃自语，"如果我将一根很细的试管灌上水，再排出管内的空气，然后把试管口密封住,并在试管上面刻上刻度。当他把这怪模怪样的东西交给医生,让病人握住它时,水上升的刻度就能反映出了病人的体温。"

于是伽利略根据自己的想象,进行了大量的实验,终于研制成了世界上第一支能测量体温的体温表。

伽利略发明的体温表,经过改良后,更是得到了人们普遍的推广和应用。现在,几乎每家医院都要配备大量的体温表,为病人测量体温,然后医生们根据体温表测量出来的体温,为病人进行准确而及时的诊断。

新颖的治疗方法

奥地利有一位非常著名的医生,他的名字叫做奥廷布里。他不仅医术高明,而且善于观察和想象,形成了独树一帜的治疗方法"叩诊法"。

有一次,一位生病的小女孩,她的病十分奇特,几家医院都没能确诊,最后被送到奥廷布里那里。可惜的是,奥廷布里还没有实施诊断,小女孩就口吐大量鲜血,死去了。

这件事让奥廷布里非常内疚和伤心。奥廷布里想:"难道非要打开胸腔才能看到病情,或者等到病人口吐鲜血,才能确诊这是结核病吗?"

为了解决这个问题,奥廷布里冥思苦想,终于想起了一个人,一个在库房里帮忙的工人。库房里的工人每次抬酒桶之前,都要用小木棍在木桶上敲两下。他告诉奥廷布里说:"你如果听多了,就会发现,有酒的和没酒的或者只有一点酒的酒桶,用木棍敲出来的声音是不一样的。"

奥廷布里决定用这个办法运用在医学上,他一面安慰小女孩的家属,一面轻轻敲打小女孩的胸腔,并且把敲打发出的声音记在了心里。

奥廷布里回到家以后,对家人的胸腔都进行了几次敲打,他听到的声音果然有细微的差别。就这样,奥廷布里就将这个作为自己的研究主题,把各类病人当成了研究对象,精确地分析了人体胸腔的声音。

健康人和病人的胸腔和腹部,敲起来的声音会有很大的差别,所以医生可以借此诊断病情，及时做出诊断结果。

　　若干年后，奥廷布里将自己的研究结果整理以后，写出了一本《最新诊断法》的医学书籍，这本书就是"叩诊法"的起源。

思维小故事

麦克被关在哪个国家

　　某国情报员麦克到夏威夷度假。让他始料不及的是，从他到达夏威夷那刻起，就被人秘密跟踪了。这天他在下榻的宾馆沐浴，足足泡了 20 分钟，

才拔掉澡盆的塞子。他悠闲地看着盆里的水位慢慢地下降,在排水口处形成小小的漩涡。而漂浮在水面上的两根头发在漩涡中好像钟表的两个指针一样,由左向右旋转着被吸入下水道里。

从浴室里慢慢地出来,他一边用浴巾擦着身体,一边喝着服务生送来的咖啡,刚喝一口便觉得一阵头晕,然后困意袭来。这时他马上意识到咖啡里被人放了麻醉药。但为时已晚,杯子掉在地上的同时,他也失去了知觉。不知过了多长时间,麦克慢慢清醒过来。发现自己被人换上了睡衣,而且还躺在床上,床铺和房间的样子也和之前完全不一样了。他从床上猛地跳起,迅速下床找自己的衣服,可是什么也没找到,只有一件肥大的新睡衣搭在椅背上。这些情况说明他已经被绑架了。

房间的桌子上放着一张纸,上面写着:"我们的一个同事在贵国被捕,作为交换,我们不得不将您请来,希望您能好好配合。现在我们尚在交涉之中,不久就会得到答复。希望您不要轻举妄动,不要试图走出房间。吃的和用的东西都可以在房间内找到。"

麦克立即回想了一下。最近,他所属的情报总部的确秘密逮捕了几个敌方的间谍。其中有资格与自己交换的只有两个人,一个是加拿大的,另一个是新西兰的。那么,自己现在到底在加拿大还是在新西兰呢?

房间和浴室都没有窗户,而屋内的温度和湿度是靠空调调节的。他甚至无法判断现在是白天还是黑夜。就像置身于宇宙飞船的密封舱里一样。

饭后,他无聊地走进浴室,泡了好长时间,整个身体就像泡发了一样。他拔掉塞子看着水位慢慢地下降。就在此时,他看见水中的毛发正打着转,由右向左逆时针地旋转着被吸入下水道。他突然想到了在夏威夷宾馆里沐浴的情景,情不自禁地嘀咕道:"噢,我明白了。"

麦克已经知道自己被监禁在什么地方了?

参考答案

麦克被关在新西兰。因为在夏威夷宾馆所属的北半球里,拔下澡盆的塞子,水是由左向右呈顺时针方向旋转流进下水道。而在这间屋子里,水是由右向左逆时针流下去的。所以,麦克弄清了当地是位于新西兰所属的南半球。水的漩涡受地球自转的影响,北半球水的漩涡是由左向右顺时针旋转,而南半球则正好相反。

聆听心脏的声音

在医院里,医生有时要听诊病人的胸口,他们用听诊器聆听心脏的跳动的声音,以此作为医学检查的一部分。其实,在中国古代,大夫们就频繁使用"悬丝诊脉"的方法为身份尊贵或者异性患者看病。

到了近代法国,医学家勒内克发明了一个类似于"悬丝诊脉"的物品,它不像丝线那么细长,而是一种专门的医疗诊断器具,叫"听诊器"。听诊器是现代医学最常用的一种专业医疗器具。

勒内克发明听诊器的过程还是一个有趣的小故事呢。

一天,一位雍容华贵的贵族女士走进了医院要求就诊,她面色苍白,举步维艰,而且气喘吁吁,看上去病情非常严重。勒内克正是来为他诊治的医生。

贵族女士对勒内克说:"大夫,我胸口疼得厉害,我整个人非常的难受,连气也喘不过来。"

"你先不要紧张,让我用耳朵靠在你胸口上听一听,就可以知道你生的是什么病了。"勒内克严肃地对她说。

贵族女士羞红了脸,反驳说:"不行,我是女人,你是男人,我们两个素不相识,怎么能够这么亲密?"说完,她就愤愤然起身走了。

勒内克想到:"这位女士一定是觉得这种诊断方法是太亲近了,所以才那么不好意思。可是因为这个缘故,而延误了她的治疗时机,这会因小失大的,那可怎么办呢?如果有一种器械,可以直接将心脏的声音完整地传到耳朵里来;那么我们就可以准确地听出病人的心脏跳动的声音了,也就能更快

更准确地诊断出病人的病情。"

因为没有及时治疗这位特殊病人的病情。勒内克感觉非常郁闷,便去医院的公园里散步。他无意间抬头,看见两个小朋友站在跷跷板旁边玩游戏。他们一人站在一头,一个用铁钉在这头轻轻地画,另一个就趴在另一头的跷跷板上仔细地听。

勒内克觉得很好奇,走到这两个孩子的身边,微笑着问道:"小朋友,你们这是在干吗?"

"听声音啊!"两个小孩异口同声地回答。

"听声音?这有什么好听的?"勒内克尝试着跟着孩子们一样,把耳朵凑到了跷跷板上去,果然那一头的孩子画跷跷板的声音,在这一头居然可以清晰地听到。

"原来,木头是可以传递声音的!"勒内克兴奋地联想道,"那我也可以把它放到病人的胸口,去听心脏的声音!"

勒内克连忙回到医院,他首先拿来了一块木头,把它放在别人的胸口。然后试探性地听了一下。嘿!在木块的那头,果真可以听到对方的心跳。后来他干脆把实心的木块设计成了一根空心木管,经过改良后,医生就能够更加清楚地听到病人心跳的声音了。

这个经过改良后的空心木管就是世界上第一台听诊器,它是现代的内科医生所使用的钢铁听诊器的雏形。它的出现,标志着人类医学,又向着成熟的方向前进了一大步。

不得天花的原因

"天花"是一种非常恶劣的急性传染病,它的传染十分广泛和迅猛,在18世纪中期曾蔓延了整个欧洲。

天花的死亡率非常高,得了这种病的人,即使幸运地逃离了死神的魔掌,也会变得失聪、失明,一辈子残疾。即使更幸运地逃过残疾的这一劫,脸上也会生出一脸的麻子。

在英国,每年因天花死去的人成千上万。爱德华·琴纳目睹了这种疾病给人们带来的痛苦,立志成为一名根治天花病的医生。

1766 年秋天,还在学医的琴纳与两个农场女工闲聊,女工说:"琴纳先生,您知道吗? 我们农场里从来都没人得过天花。"

"从来都没人得过天花?"琴纳听了女工的话觉得很奇怪。

"我们是西郊农场的挤奶工,我们都患过牛痘。"一位女工说,"也许是因为得过牛痘,所以就不长天花了吧。"

10 年后,琴纳成了一名外科医生。在研制治疗天花的药物时,两名农场女工的话语好像又在耳边响起。"为什么不干脆去农场看看呢?"琴纳想。

为了方便调查研究,他来到乡下,开办了一家医院。他一边阅读种痘术的报告,一边到农场进行观察。他发现乳牛感染牛痘病毒后,挤奶女工通过挤压感染牛的乳房而感染牛痘,而这些女工痊愈后便终生不再感染同样的疾病,同时她们也不再感染天花。琴纳想:"要是能够把牛痘接种到人体之中,是不是人类就再也不会生'天花'这种可怕的传染病了?"

为了证明这种方法对人体是十分有效,而且不会伤害人体。琴纳决定在自己儿子身上进行牛痘接种实验。孩子接种牛痘后感染程度很轻,很快就恢复了健康。为了证明儿子具有了免疫力,琴纳又为儿子接种了天花脓液。结果实验成功了,儿子因为有了牛痘抗体,并没有感染到天花。

琴纳激动极了,他把这个好消息告诉了妻子,并紧紧地抱住她,大声说:"我成功了! 我成功了!"他的妻子热泪盈眶,她为丈夫的成功,大声鼓掌。

琴纳的伟大发明,使人类战胜了恐怖的天花疾病,使人类的生存有了极大的保障。在 1979 年 10 月,世界上最后一名天花病人被治愈,这意味着天花这种疾病已经彻底地被人类击败了。而爱德华·琴纳的名字也将作为一位伟大的医学家的范例,被永远地载入医学史册。

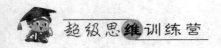

思维小故事

宋永岳识破伪族谱

广东省嘉应县太平乡李家村,一天来了一个名叫李柏生的族人,据他所说,自己一直在外面工作,决定回乡扫墓。而当地的李氏户主李松育认为没有这个亲属,不允许他扫墓。于是双方发生了争吵,状告到县衙。

县令宋永岳见双方各执一词,互不相让,就让他们各自提供证据——族谱。两人所提供的族谱都记载其祖母姓邱。但李松育的族谱只记录邱氏有一个儿子名松;而李柏生的族谱却记载邱氏有两个儿子,长子名松、次子名柏。双方族谱都是明朝万历二年(1574)所编写,而从笔墨痕迹来看都不像伪造的,县令据此无法判断出是非曲直。

于是,县令传讯了李家村的其他族人。族人中有的支持李松育的说法,说邱氏仅有一子,就是李松育的父亲,李柏生是编造的;有的则替李柏生说话,说李松确实有一个弟弟名柏,早些年移居到江西,李柏之子李柏生回乡扫墓是理所当然的。他们也都分别呈上族谱为证。族谱上也都写明是明万历二年所立。

面对如此多的族谱,县令详细阅读,仔细分析,终于发现了一个疑点:即族谱共有两种,有的族谱上邱氏之"邱"字带有耳刀旁,有的则无耳刀旁,即"丘"字。经过分类,凡支持李松育的族人,其族谱上都没有耳刀旁,即"丘";而支持李柏生的族人,其族谱上都有耳刀旁,即"邱"。这样县令对于是非曲直已了然于心。在堂上,县令首先问李松育:"你父亲原有一个叫柏的弟弟,你为什么不认他的儿子?"

李松育说:"我父亲是独子,那江西来的柏生是假冒的,分明是看上了我的财产。"

县官又问:"那你又怎么能证明柏生不是李家的子孙呢?"

　　李松育虽然不服，但却无话可说。这时李柏生显得非常得意，诉说道："大人明鉴，李松育不让我扫墓祭祖，不认我为李家子孙，分明是想独霸李家财产！"

　　这时，县官调转话头，突然问李柏生："你的族谱中为何在'丘'字上加有耳旁？"

　　李柏生胸有成竹地说："因为要避当今圣上的讳。"

　　县官点点头说："不错，本朝圣上下旨，凡'丘'字都应加耳刀旁，以避皇上的讳。看来有耳刀旁的'邱'字族谱是真的，凡没有耳旁的'丘'字族谱是伪造的。"李柏生更加趾高气扬，指着李松育说："他自己伪造族谱，还串通族人共同伪造族谱，真是'是可忍，孰不可忍'！"

　　李松育一听，气得脸色发白，但心中仍是不服。

谁知县官这时不客气地指着李柏生说:"真正伪造族谱,并串通族人的是你,而不是他!"这一声厉喝对李柏生来说犹如晴天霹雳,他忙连连磕头:"大老爷明鉴——"

在县官的分析下,李柏生只好对所犯罪行供认不讳。

县官为什么会认定李柏生的族谱是伪造的呢?

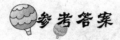 参考答案

族谱是明朝万历二年(1574)所修,因为避讳"丘"字而要求带上耳刀旁,写成"邱"字乃是当今圣上颁布的旨意。李柏生的祖先不可能推算出自己死后发生的事情,所以李柏生才是伪造族谱的罪魁祸首。

救命的人造血管

人造血管是人体血管的替代品,它的发明为人类身体和生理健康做出了很大贡献。

人造血管的发明者是美国化学博士鲍勃,他使用的基本材料是聚四氟乙烯,他能够顺利发明出人造血管还要仰赖于他的父亲。

1958年初,鲍勃的父亲戈尔放弃了杜邦公司优越的工作,投资创办了以自己名字命名的戈尔公司,主要经营用聚四氟乙烯作原材料生产的带状电缆。

尽管戈尔全身心投入到这家公司的生产和销售,但产品并没有畅销多久便没有了竞争优势。在1969年的秋天,由于市场竞争激烈以及产品的需求量达到饱和,电线电缆业务急剧缩减。

"爸爸,不能再这样下去了,我们得在开发新产品上下点功夫!"鲍勃不忍心看着父亲整天苦恼的样子,便向他提出了自己的意见。

"开发新产品不是一件容易的事,要是能节省材料就好了。"戈尔对儿子

说，"节省原材料就能提高利润。"

"对，要是能把现在的聚四氟乙烯拉长，把空气吸收到材料中去，又不影响材料的性能，那就能降低生产成本了。"鲍勃心里想。

然而，当时的科学技术还不能够把聚四氟乙烯大幅度地拉长。"真的不能再拉长了吗？有没有人试过呢？"知识渊博的鲍勃没有放弃自己的设想，"还是自己动手做做看吧。"于是他就构思起自己的发明来，"我可以把一根聚四氟乙烯放在实验室的烘箱里慢慢烘烤，然后抓住两端，轻轻地一拉……"

鲍勃按照自己的设想开始实验起来。虽然设想得好，但是每次到了最后关头都是"啪"的一声，聚四氟乙烯断了，鲍勃很伤心。但是他毫不放弃，一直兢兢业业地进行着实验。终于有一天，鲍勃遇到了一个成功的机会。

这天晚上，鲍勃照例在做聚四氟乙烯的实验，拉一次失败一次，再拉一次再失败一次。鲍勃实在忍受不了一次次的打击，他恼羞成怒地抓起了聚四氟乙烯用力一拉，不料，一英尺长的聚四氟乙烯竟然被拉成了两臂那么长还没断。

鲍勃终于找到了拉伸聚四氟乙烯的窍门，就是烤热后要用大力气来拉。由于新的聚四氟乙烯管降低了生产成本，很快为戈尔公司带来了大量收入。

一天，鲍勃的父亲带领几个朋友参观鲍勃的实验室。一位医生朋友无意间看到了被拉长的聚四氟乙烯管，惊讶万分地问戈尔："咦，这是什么新玩意？"鲍勃告诉他，这是一种聚四氟乙烯管，它需要一定的热量和力度就够拉长。

"热量和力度？这和人的血管很相似。血是热的，血的流动是有力的，能不能用它来代替血管呢？"这位医生兴奋地问。

鲍勃立即说："大胆地试一下吧，要是成功了，那可是造福人类的事。"

后来医生就用这种管子在动物身上做了实验，成功地把老鼠的心血管连接了起来。接着他又在人体上进行试验，结果发现使用了这种管子之后，管壁上出现了小泡泡，说明用聚四氟乙烯做成的人造血管强度还不够，经不住血压的压力。

挑战你的想象力

　　为了攻克这个难题,鲍勃尝试着进行各种实验,终于把改良后的人造血管研制出来了。改良后的人造血管坚固、耐用且不伤害身体。

　　随着人造血管的问世,许多心血管患者减轻了病痛,获得了新生。据1982年世界卫生组织的有关资料显示,全世界37万多人在使用了鲍勃发明的人造血管后,摆脱了病魔的纠缠,过上了幸福的生活。

思维小故事

花粉作证

　　夏季的一个中午,奥地利首都维也纳警察局突然跑来一位中年妇女,说她丈夫失踪了,并提供线索:一个星期前,丈夫与他朋友维克多一同外出旅行。

　　警官询问维克多,维克多说:"我们是沿着多瑙河旅行的。3天前,我们住在一家旅馆的同一间房子里,不过他告诉我要出去办点事,可是3天了都没有回旅馆。也联系不到他,不知道他上哪儿去了。"

　　警官立即根据维克多提供的旅馆名称挂了电话,对方答:"维克多确实是昨天离店的,而与他同住的旅客一直没有办理过离店手续,也没有见到人。"

　　警察局派出几十名警察,根据失踪者妻子提供的照片全城搜寻,但是,找了几天都没有收获。警方估计,报案者的丈夫可能已经遇害。如果真是这样,那么要侦破此案,必须先找到被害者的尸体。于是,警方派出直升机到附近的山林里去侦查,又动用汽艇在多瑙河里打捞。可是仍旧白忙了一场。于是警方判断,被害者的尸体可能是被抛在十分隐蔽的地方,而度假的人不会只身去那里,一定是被熟人骗到那里的。而维克多是此案的重要嫌疑人。但维克多矢口否认与此案有关。既无人证,又无物证,警方只得暂时拘留维克多。

　　警官的一位好友是知名的生物学家,警官便向他求助。经过几天的研究,他对警官说:"老朋友,被害者的尸体可能在维也纳南部的树林里,你快去看看吧!"警官带着队员来到了南部的树林里,在一块水洼地里发现了一具男尸,经检验,的确是那个女人的丈夫。死者的颈部有几条紫色伤痕,显然是被凶手掐死的。

　　审讯开始了。警官厉声喝问:"维克多,有人告发你,是你把朋友骗到维也纳南部的树林里杀了,快交代你的犯罪经过!"

　　维克多冷笑道:"那好吧,让证人与我当面对质!"

　　生物学家指了指证人席上的小玻璃瓶子说:"它就是证人!它是装在瓶

里的花粉！也就是从你皮鞋上的泥土里取下的花粉。"

"花粉？它能证明什么……"

"花粉是裸子植物和被子植物的繁殖器官，体积很微小，要借助显微镜才能看到。不同种的植物，它们的花粉形状也不同。而从你鞋子上的泥土里取来的花粉……"在生物学家的叙述下，维克多终于承认了自己的罪行。原来，被害人这次外出旅行，带了不少现金，维克多见利忘义，把他骗到南部的树林里掐死后弃尸于水洼。

生物学家到底是怎么根据花粉就断定凶手就是维克多的呢？

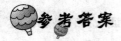参考答案

他发现那花粉是桤木、松树和存在于三四千万年前的一些植物的粉粒，只有在维也纳南部的一个人迹罕至的水洼地区存在这几种植物。

第二章　食品的由来

高产的杂交水稻

1981 年,国务院在北京召开表彰大会,袁隆平个人荣获一枚特等发明奖章。农业专家袁隆平发明的"高产水稻"备受世界瞩目。

1953 年,袁隆平从西南农学院毕业,那时候,他还是一个充满热情和幻想的毛头小伙子。他自愿来到地处湖南省安江镇的黔阳农校,当一名普通的老师,而实际上他想在这里实现自己的梦想:培育出一种高产优质的水稻品种。从 1960 年起,他的研究思路渐渐明晰:"要想培育出一种高产优质的水稻,最好是培育出一种杂交水稻种子,让它的第一代展现最大的优势,从而极大地提高水稻的产量。可是要培育出杂交水稻,首先要找到雄性不育的水稻植株。因为水稻是雌雄同花的自花授粉植物,在同一朵花上并存着雌蕊和雄蕊。只有找到雄蕊不育的植株,才能实现异花授粉,才能人工培育出杂交水稻。"于是袁隆平就全身心地投入到高产量水稻的研制工作中去。

1964 年,稻田里的水稻又开始开花了。袁隆平像往年一样,在他的试验田里独自一人仔细巡视每一颗水稻。突然他的眼睛一亮:"呀,这不正是我要找的水稻植株吗?"眼前的这株水稻,稻花内的雌蕊发育正常,雄花却呈现出干枯的样子……

袁隆平立即弯下身子,把这株与众不同的水稻植株小心翼翼地挖了出

来,慢慢移植到试验盆里。同事们见了,都和他打趣说:"小子,看你这么开心,恐怕是找到宝贝了吧?"

"是啊,它的确是宝贝。现在,它比什么都重要。"

袁隆平得意地回答着。后来他在这片稻田里又找到了 3 株同样的水稻,此时袁隆平激动得说不出话来。他的灵感告诉他:"高产水稻的愿望即将实现了"。当天晚上,袁隆平一想到高产水稻即将改良成功就辗转反侧,难以入眠。

在几百甚至几千株水稻的茫茫稻田中,要找到一株雄性不育的水稻植株,这是多么困难的事啊——简直就像大海捞针一样!

然而袁隆平耐心观察和思索,终于在一块稻田里找到了好几株雄性不育的水稻植株,怎么能不让他兴奋呢?这一年,袁隆平像对待婴儿一样培育着他的这几株水稻植株,亲自为它们浇水、施肥,并定期观察、记录,又用人工的方法将别的稻花采过来与它们杂交,从而成功地繁殖出第一代雄性不育稻种。

到了 1971 年,中国农业科学院在袁隆平的倡议下成立了"杂交水稻协作组",全国各地的几百名农业科学技术人员在他的统筹指挥下,进行了对杂交水稻改良品种的统一研究。

1973 年,袁隆平的"杂交水稻"试种成功,新的杂交水稻的亩产量达到 500 公斤,晚稻亩产甚至达到了 600 公斤。这是中国广大农民做梦也想不到的高产水稻。1975 年,全国的杂交水稻种植面积达 5 000 亩,1980 年扩大到 8 000 万亩,袁隆平为中国的杂交水稻大量生产和丰收改良做出了杰出贡献,极大地解决了中国人民的"吃饭问题"。

由于袁隆平的杂交水稻产量高、口感优良的特性,迅速受到了邻国的关注,被进口到了柬埔寨、泰国等国家,之后便打开了国际大门,传播到了全世界,对解决世界人口的温饱问题做出巨大贡献。

好吃的臭豆腐

小朋友,你喜欢吃臭豆腐吗？臭豆腐虽然闻起来臭吃起来却很香。它是中国的一绝,它还有一个鲜为人知的故事呢。

早在清朝康熙年间,一个名叫王致和的书生进京赶考,但是他落榜了。他就在京城定居下来,靠干自己的老本行"做豆腐"来维持生计。他心里暗暗盘算:我留在京城卖豆腐既可以做生意,又可以在这里读书,用更好的精神状态来应对考试。

有一天气温异常炎热,太阳火辣辣的,出门买菜、逛集市的人非常少。王致和当天制作的豆腐有一大半没有卖出去,这使他非常烦恼。因为豆腐不像其他食品,它只要放半天就会变质。突然王致和急中生智,他想:"我可以把这些豆腐切成小块,加上盐和花椒,封进瓦罐里腌起来,这样豆腐不就不会坏了吗？"

王致和说干就干,把豆腐腌了起来。过了两天因为生意不好索性就把豆腐店给关了。

一直到秋天才有顾客上门来买豆腐,王致和的生意又红火了。王致和这才想起自己腌在瓦罐里的豆腐。可是等他打开瓦罐一看,发现里面原来白花花的豆腐已经发霉变臭了,成了青绿色的,显然已经变质了。

"变质的东西是不能吃的,但是就这么白白地倒掉,不是太浪费了吗？"于是王致和鼓足勇气尝了一口。出人意料的是:虽然这种豆腐闻起来臭,可是吃到嘴里是很香很醇的,还有一种诱人的回味。

王致和非常高兴,他马上把这些冒着香味的"臭豆腐"分赠给街坊邻居。让他们来品味一下,自己刚刚发明的"臭豆腐"。果然街坊们都纷纷竖起大拇指一再夸耀"臭豆腐"的美味。

因为臭豆腐既好吃,又价廉,深得老百姓的喜爱。到了光绪年间,慈禧

太后品尝了臭豆腐后感觉美味无比,为了纪念臭豆腐的独特美味,还特意为它取名为"青方",并且把它载入了御膳房菜谱。而王致和的名字,也随着他的臭豆腐的流传而芳香永世。

思维小故事

警官和六响手枪

新上任的警官西蒙接到一个报案电话:"位于尤拉大街上的新世界银行被5个歹徒劫走美金10万元!歹徒手里有一支六响手枪。"问明了歹徒的去

向,西蒙跨上摩托车去追赶歹徒。可能是事出紧急,这位新任警官临走时竟把手枪遗忘在办公桌上。他的下属贝尼在得知案情后,见上司连枪也没带,便马上召集人手前去支援。

一阵枪声过后,警察们被引到一处荒无人烟的地方。只见5个歹徒被击毙了,新任警官西蒙捂着受伤的左臂,缓缓向他们走来,贝尼在地上捡起歹徒抢走的密码箱,搀着西蒙上了警车返回警局。

在新世界银行举行的盛大宴会上,新任警官西蒙和贝尼们以及一些地方要员被邀请出席宴会。大名鼎鼎的侦探伊里先生也被请来了。宴会上,银行行长频频举杯感谢西蒙,并请西蒙向大家介绍他的英雄事迹。

西蒙很是得意,说:"诸位!那天我骑摩托追去,其中一个歹徒发现了我,就朝我连开2枪,打中了我的左臂。我带伤和那个歹徒搏斗,终于抢下他的那支六响手枪,然后一枪将其击毙。这时另外4名歹徒也向我扑来,并连续向我射击。我连发4枪,打死了其余4名歹徒。就在这时,我的下属贝尼他们赶来了。"

当他刚刚讲述完自己的丰功伟绩,侦探伊里先生身后的两位警察却向西蒙亮出了逮捕证。嘉宾们大惊失色。

伊里先生告诉大家:"西蒙和那帮歹徒是一伙的!"

"你有证据吗?"西蒙狠狠地说。

"我问你,你去追捕歹徒,为什么不带枪?"

"匆忙之中,我忘了!"

"忘了?警官在执行任务时居然不带枪,这是不可能的事情。何况你知道自己面对的是人数5倍于你的强盗!唯一的解释是,你本来就是这伙匪徒中的一个秘密成员。你是在追赶他们时觉得带不带枪没关系。"

"胡说!我与歹徒搏斗时曾左臂中弹,你瞧!"

"是的,你左臂的确受了伤。"

但是接下来,侦探伊里提出来的证据让西蒙再也无法狡辩,颓然地低下了头。"英雄"顷刻间变成了囚犯。

你知道大侦探提出了什么证据吗?

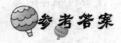

那支六响手枪除了向西蒙连开两枪外还开了五枪打死五名歹徒。那么这支六响手枪打出了七颗子弹。这是不可能的。所以西蒙是在说谎。

葡萄产地的救星

小朋友们,你们看过爸爸妈妈喝葡萄酒吗?知道哪里的葡萄生产出的葡萄酒最著名、最爽滑可口吗?

现在来告诉你一个世界上生产葡萄和葡萄酒最出名的地方——法国波尔多。

法国是全世界最大的葡萄酒产地,其中波尔多市生产的葡萄酒是最负盛名的。那里的水土适合葡萄生长,工人种植技术非常高超,所以葡萄特别适合酿酒,波尔多人也因此发了财。

可是有一次"露菌病"在波尔多的葡萄园中流行了起来,"露菌病"偷袭了波尔多葡萄园。得了"露菌病"的葡萄渐渐枯萎,甚至有的果园颗粒无收。

波尔多人眼睁睁地看着即将丰收的葡萄园感染"露菌病",然后枯萎了,他们心急如焚。很多研究植物学家来到这里考察,想尽办法帮助果农们解决这个让人头痛的问题。专家们四处察访,终于发现,在波尔多还有一处葡萄园没有受到感染,而且长势非常喜人。

那个没有染上"露菌病"的葡萄园,是一个靠近路边的葡萄园,像往年一样长势非常旺盛。波尔多大学植物学教授米亚卢德从其他专家们嘴里听说了这件事,就亲自到那个没有感染的葡萄园去查询原因。

园主热情地接待了他,但是在询问了一些关于果园的情况和参观了果园之后,米亚卢德没有找到一点线索。就在他想要回去的时候,园主突然告诉他一个很重要的事情,他握着米亚卢德的手说:"因为我的葡萄园在交通要道上，来来往往的人非常多，为了防止过路人偷偷摘取葡萄，我每年都会用石灰水粉刷葡萄架，还要用硫酸铜进行喷洒。"园主笑了笑，又说："我的目的是让我的葡萄看起来很脏。又散发着石灰水和硫酸铜溶液的气味，让过路人和害虫都不喜欢他们，就不会来吃我种下的葡萄了。不知道是不是因为这个原因而使我的葡萄园不会被'露菌病'感染？"

米亚卢德收集到了这条重要线索。他想："如果我把石灰水和硫酸铜溶液按一定比例配搭在一起，将他们充分混合后喷洒到葡萄上。当硫酸铜溶解后，产生了铜离子，这种铜离子不仅能杀死病菌，还可以使病菌不能繁殖。"

经过实验米亚卢德的设想大获成功，"露菌病"被彻底赶出了波尔多城。

最后米亚卢德研究出来一种最佳的配置比例——这就是我们现在常用的"波尔多液"。

罐头的发明

小朋友们，你们喜欢吃罐头食品吗？是不是觉得罐头食品又新鲜又好吃？我们现在讲述一个有罐装食品的罐头故事。

在 18 世纪末期，法国的国王拿破仑在行军打仗的时候总有一个非常难办的事——打仗士兵所食用的水果和蔬菜不到一两天就变质了。

于是拿破仑出了高价——1.2 万法郎，悬赏一个能够解决蔬菜水果不易变质的方法。

就这样，多年从事蜜饯食品加工业的普通商人阿贝尔，便跃跃欲试。但可惜的是无论阿贝尔怎么做实验，都没有任何的收获。

1840 年夏天，阿贝尔煮沸了许多水果果汁，准备做甜点用。可巧的是做甜点的面粉用光了，于是他把沸腾的果汁倒入玻璃瓶里，然后用木塞将玻璃瓶塞紧。最后他就去做别的事情去了。

过了一个多月，做甜点的面粉到货了，阿贝尔突然想起玻璃瓶里的果汁还放着。于是他尝试着用刀子撬开软木塞。令人不可思议的是：木塞一撬掉，一股很浓的果汁香味扑鼻而来，没有一点馊味。这时阿贝尔大吃一惊，他想："我也可以按照这个方法来保存其他食品。"他边想边试着做实验。阿贝尔急匆匆地找来一些肉，把它蒸了两个小时，然后把肉装进玻璃瓶里，再用软木塞把玻璃瓶塞紧，最后阿贝尔还在瓶口处涂了一层密封用的蜡。就这样，过了 3 个月，阿贝尔打开玻璃瓶，发觉玻璃瓶里的肉还是非常新鲜的。

阿贝尔如愿地得到了那笔奖金。而拿破仑的那些士兵们也吃到了非常新鲜的食物。

后来科学家们以阿贝尔发明的食物保鲜法为雏形进行了改进，又发明了铝制的和铁皮的罐头——就是我们现在吃的罐头。

思维小故事

曝光的胶卷

探长尼罗·沃尔夫接了一个案子，他仔细研究案情后，便根据委托人的叙述，委派助手古德温去拍摄案发现场的照片，以作为物证。可是都到吃晚饭的时间了，还不见古德温回来，沃尔夫等得有些不耐烦，不知不觉已经喝了许多啤酒，好不容易才把古德温等回来。

"你到哪儿去了，这么晚才回来？是不是去偷懒啦？"探长有点生气地说。

"我怎么会偷懒呢。在回来的路上，我突然牙痛，就去看了牙科大夫。还做了 X 射线检查，说是牙龈化脓了。"古德温回答道。

探长说："你的牙如何我管不着，我关心的是你拍的照片怎么样了？你知道在不久就要开庭了。""您就放心吧，我已拍下了一些有决定性作用的照片。有了这些照片，到开庭时，我们的委托人一定能胜诉的。"

　　古德温非常自信地说道,同时,小心翼翼地从上衣口袋里拿出那架像打火机一样大小的超小型照相机。

　　"很好,马上就去冲洗,记得动作要快,因为一小时后委托人就要来取这些照片了。"沃尔夫催促道。古德温立即到暗室去冲胶卷,但令人不解的是,胶卷已经全部曝了光,底片上什么也没有。

　　"浑蛋!起'决定性作用的照片'在哪儿? 怎么向委托人交代呢?"沃尔夫怒不可遏。

　　古德温瞠目结舌,困惑不解,好一会,才咕哝着:"这……真怪了……"

　　"要你这样的蠢材当助手,我这名侦探的牌子早晚有一天得砸了。"沃尔

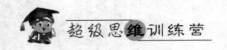

夫奚落了古德温几句,然后道出了胶卷曝光的真相。

曝光的原因是什么呢?你能猜出问题出在哪儿吗?

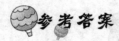参考答案

除了铅外,X射线能穿过任何较薄的金属物质。古德温去牙医那里做X线检查时,没有将相机取出来。所以装在相机里的胶卷,在X射线照射下全部曝光了。

可乐瓶和百褶裙

众所周知,可口可乐是一种非常受欢迎的饮料。它既能止痛,又能解渴和提神,随便到哪个超市都能买到。

由于口感好,可口可乐受到了全世界人们的青睐。就在这时,可口可乐公司决定为自己公司的饮料制作一种全新的玻璃瓶,让顾客更喜欢喝可口可乐。

于是在各大媒体刊登了一则广告,广告的主要内容是征集一些玻璃瓶的设计。他们的主要内容是:"外观漂亮,不易滑手,整体感觉容量多。"除了广发英雄帖之外,还备了一笔巨额的赏金。社会各界人士都争先恐后地进行着自己的玻璃瓶设计工作。但出人意料的是,最终被选中的设计方案策划者,既不是科学家,也不是工程师,而是一位名叫路德的玻璃厂工人。

一次偶然的机会,路德在报纸上看到了可口可乐公司正在征集一些玻璃瓶的设计广告。他想:"我天天都在跟玻璃瓶打交道,我何不去参加一下,设计一个既漂亮又实用的可乐瓶呢?"

这个年轻人非常有自己的打算,不顾家人的反对,跟工厂请了半年假,一心一意地呆在家里设计玻璃可乐瓶,甚至冷落了心爱的女友。

就这样过了5个多月,他连一张使自己满意的图纸也没有画出来。女朋

友怜惜地看着沮丧的路德，就打气说："嘿，路德，打起精神来，我还一直在你的身边呢，可不能放弃啊！"

路德听了这话立马抬起头，注视着女朋友。只见她穿着一件百褶裙，非常漂亮，而且原本偏瘦的身材，看起来圆润多了。

"亲爱的，你别动！"突然一个奇妙的构思闪现在路德的脑海中："百褶裙的样子外观上非常美，中间再设计成一个裙腰的样子，瓶子就不容易脱手了；'裙腰'上下的皱褶，又让可乐瓶看起来比实际装得多。"后来这款设计就诞生了。

他的设计以压倒一切的方式击败了所有的竞争对手，被可口可乐公司成功采纳，如愿以偿地得到了这笔丰厚的奖金。

直到现在，可口可乐公司还一直沿用路德设计的作品。

巧克力的制作

1519年，西班牙殖民者科尔特斯率领的探险队进入了墨西哥腹地，在那里他们披荆斩棘，跋山涉水，来到了一块高地上。队员们精疲力竭地斜靠在树旁休息。

恰巧有一队出外打猎的印第安人经过，为了表达对客人的友好，他们从行囊中取出一种植物的种子，碾成粉状，放到瓦罐中，加上水用火烧了起来，水沸腾后又加上一些树汁和胡椒粉，制成了一种香气四溢的饮料，送给探险队员们喝，队员们喝了之后个个精神百倍，轻松舒适。

科尔特斯率领的探险部队凯旋后，将这种饮料献给了西班牙国王。这种饮料就是我们现在所说的可可饮料。厨师在制作可可饮料时，融入了西班牙人的饮食特点，用带有甜味的蜂蜜代替了树汁和胡椒粉。国王喝完后，赞不绝口，从此整个西班牙掀起了一股喝可可饮料的热潮。随后，这种饮料传到了其他地方，风靡了整个欧洲。

众多商人看到了这一点，他们靠贩卖可可赚到了许多钱。西班牙的拉思科便是其中最成功的一位。他是一位聪明过人的经销商，经营食品多年，积累了丰富的经验，也赚了不少钱。有一天，拉思科在煮可可饮料时想："嗯，这个可可饮料虽然好喝，可是煮着太麻烦了。要是能制成一种固体食品，脱去原来的苦涩味，既可以拿在手里吃，或者水一冲就能喝，那就太好啦！"

为了实现这个奇思妙想他做了许多实验，浓缩、烘干、加蜂蜜调制，等等，终于制成了固体可可的饮料，这就是巧克力。直到现在，巧克力已成为最受欢迎的食品之一。

思维小故事

被风吹走的邮票

格罗斯是位有名望的集邮家，他非常喜欢大海，因此他把自己的寓所也建在大海旁边，并且前后都有窗子。他常常站在窗户前欣赏大海的美景。闲暇时他喜欢坐在书桌前整理他的邮票，这些邮票都是他精心收集来的。其中有两张珍贵的邮票，常常让他爱不释手。这天上午他将这两张珍贵邮票放在书桌上，书桌前的窗子当时正开着，不料突然起风了，与这扇相对的窗子突然被风吹开，结果把其中一张珍贵邮票顺势吹到了窗外，飘进了大海。等到格罗斯发现时，邮票早已无影无踪了。格罗斯为此心情沉重，情绪低落，因为他再也无法拥有那张邮票了。风停后半小时，他的朋友侦探霍尔来访。格罗斯约他到房前的海滩上散步，他们一边走，一边谈了这件令人惋惜的事。

海滩上有不少海鸥在迎风飞舞。霍尔一边听一边低头观察一只海鸥留在沙滩上的足迹，从足迹看，这只海鸥起飞时面朝大海。海滩上还留有很多海鸥的足迹，都是面朝大海起飞的。半小时前海水退潮时没有抹掉这些足迹,说明海鸥飞走的时间是在海水退潮之后。

霍尔侦探问:"是您亲眼见到邮票被吹到窗外的吗?"格罗斯说:"不,是秘书告诉我的。当时海水正在退潮。我便出去看海水退潮了。就在我离开期间突然刮来了一阵风。我的秘书说幸好他及时赶到按住了另一张邮票,否则另一张邮票也会被吹进大海。"

霍尔问:"你肯定邮票是在海水退潮以后被风吹走的吗?"

格罗斯说:"当然可以肯定,因为我离开后才起的风,我正是因为要看退潮才离开的呀。"

霍尔说:"那这张邮票一定还在屋子里。"

格罗斯惊讶地问:"真的吗? 你说什么?"

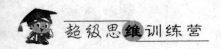

霍尔肯定地说:"那张邮票并没有被风吹进大海里。"

霍尔根据什么做出了这样的判断?

海鸥是逆风起飞。海鸥起飞时足迹的方向足以证明风是从大海吹来的,而不是从陆地吹向大海,所以那张邮票决不会被穿堂风吹进大海,而很有可能被秘书偷走了。

口香糖的由来

朋友们,你们吃过口香糖吗? 喜不喜爱甜甜的、香香的口香糖? 那么你们知道口香糖的由来吗?

从前,有一种树木叫"人心果树",它生长在墨西哥附近的尤达岛上。一天,一个顽皮的小朋友用刀割开人心果树树皮。在割开的地方,人心果树会像受伤的人一样慢慢流出一种汁液,黏黏的,可以粘住小昆虫。

在当地有一位聪明的妇女,在看到这个情况后很受启发。她想:"我可以从人心果树上收集一些胶液,加入蜂蜜,做成胶质软糖,把它当成零食来嚼,说不定还能给人带来快乐。"

于是她就按照自己想象中的那样制作出了一种粉红色的软糖,供自己和村民们咀嚼。有意思的是:这种软糖入口不会很快溶化,在咀嚼的时候很有弹性,而且不粘牙。更有趣的是:当人在嚼软糖时,一边嚼一边会释放出微微的甜味和阵阵清香。

因为有弹性,一些妇女用它来吹泡泡。男人们觉得好惊奇,纷纷赶过来凑热闹,咀嚼完以后,嘴里发出淡淡的清香,连那些刺鼻的烟味也没有了,甚至还帮他们把口腔清理干净了呢。

这就是口香糖的诞生,是不是很平常? 所以有的时候,实用的发明总是在琐碎的小事情中产生，而且看起来那么平淡无奇。在做的时候并没有过多地去想结果，只是因为感兴趣去做，这就是快乐。

好吃的方便面

小朋友们，你们爱吃方便面吗？是不是非常热衷方便面鲜鲜香香的味道？你们知道方便面是怎么来的吗？

在古代，中国人发明了面条。在日本奈良时代，面条由中国传入了日本。很快中国的面条在日本风靡开来。对于日本人来说，面条是日本的国民食物，所以日本街头可以看到各种各样的面店，几乎每家面店门前排满了等待吃面的顾客。20世纪50年代，日本有个名叫安藤百福的面食作坊老板，看到人们为吃一碗面竟然能这样不辞辛苦，产生了"用开水一泡就能够食用的面条"的想法。

安藤百福先从原料配比开始着手，把面粉和佐料混合在一起，再轧成面条。他试验了好几次，结果做出的面都粘成一团。于是，冷静地思索解决办法。突然眼前一亮，他想："我为什么不把面团轧成普通的面条，把它蒸熟再用佐料浸泡使之能够入味呢"？结果这一想法让他一下子就成功了。

接下来要解决烘干和妥善保存的问题。做过日晒、风干的试验，效果都不是十分的满意。有一次，他想到了用油炸方法来试着加工一下。"当把面食炸过之后上面会有许多小孔，沸水浸泡之后马上会变得松软，味道要比普通面条好得多而且还富有弹性。"他照着思路去做，果然他又成功了。

1958年，安藤百福的方便面上市以后，轰动了整个日本，迅速被抢购一空。不久后传遍全球，成为我们日常食用的方便面。

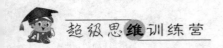
思维小故事

大科学家的金冠测试

有一天,古希腊西拉古斯的国王赫利翁,让大臣找来了一个工匠。国王手中拿着一块金子对工匠说道:

"看见我手中的这块纯金金块了吗? 我命令你一个月内用它给我制作出一顶金冠来。"

"遵命,小人一定不辱使命,在一个月内给大王制作出一顶世界上最漂亮的金冠,请大王放心。"

"好,你下去吧!"

"是。"

"等等!"工匠刚要离开,就又被国王叫住了,"你要知道,我可是一国之王,我绝不希望日后戴一顶不纯的金冠。"

"小人明白。请大王放心,小人决不敢三心二意。"工匠一副忠心耿耿的样子。

工匠本是个十分贪心的人,嘴上虽那么说了,可心里想的却是如何占得便宜。他想,平时替别人打个金银首饰什么的,掺点假,搞点名堂,毕竟原料太少,没多大油水。这块金子可是块送到嘴边的肥肉,哪有不吃的道理呢!大不了,制完金冠远走高飞。对,就这么干,这样,他便在熔铸金子过程中,往炼金炉里扔进了几块铜……

工匠自以为毫无破绽,却不料被国王派出监视的密探发现了。

一个月后,当工匠把金冠捧献到国王面前时,国王冷笑着对工匠说道。

"你好大的胆子,竟敢往金子里掺铜块,你知罪吗?"

"小人不敢,我想一定是有人看不惯大王如此信任小人,心生嫉妒,造谣诬陷,妄想借大王的手来杀死我!"

"你敢保证自己没往金子里掺假吗?"国王进一步追问道。

"敢!小人深知这制作金冠的事关乎国体,怎敢拿自己的脑袋开玩笑?"工匠虽然心里害怕得要命,可面上还是一副理直气壮的样子。

"来人,传证人进殿!"

国王一声令下,暗探来到宫中。他指着工匠对国王说道:"我亲眼看见他把铜块扔进了炼金炉里!"

"你一定是眼花了,那是我为了使金砖熔化得快,事先用斧子剁碎的小金块。"

"不对,铜块和金砖的颜色不一样,我绝不会看错!"

"那就怪了,我都是在夜晚熔炼金子的,你怎么能看得清楚呢?"

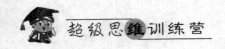

两个人你来我往地争论了一阵，结果还是无法证明工匠是否往金子里掺了假。

怎样才能把这件事弄清楚呢？国王也没了主意。这时，一个大臣告诉国王说，大科学家阿基米德来到了城里。国王一听，非常高兴，连忙传令请阿基米德进宫。

阿基米德来到宫中，听了国王的讲述后笑笑说："这件事很容易搞清，大王只要把这顶金冠借我用几天，再给我一块金子和一块银子，我就能把事情的真相告诉您。"国王高兴地答应了。半个月后，阿基米德果然用事实证明并揭穿了工匠往金子里掺假的骗局。

阿基米德是怎样揭穿工匠骗局的呢？

参考答案

阿基米德叫人锻铸了一顶金冠、一顶银冠，它们的重量和那个工匠所锻铸的金冠完全一样。然后，他做了一个对比实验。他先把银冠浸到一缸水里，缸里的水立刻就溢了出来；然后他又把那个工匠锻铸的金冠浸在水里，溢出的水就少一些。阿基米德从重量相同的物体密度大小与排水量多少成反比，以及金子的密度大于银子这两个前提出发，对3顶王冠排水情况进行了测试，果然得出了工匠在制作金冠中往金子里掺假的结论。

狒狒的功劳

从前，在非洲南部高原一片草地上住着一群农民，他们世代以耕种和打猎维生，过着简单而幸福的生活，平淡又有规律。唯一美中不足的是这片草原是个干旱之地，降雨量很小，水资源匮乏。没有充足的水源灌溉庄稼，只能种一种耐干旱的植物，特别是到了旱季，饮水便会成为问题。居民们急得惶惶不安。许多人只能选择背井离乡，搬到自然条件比较好的地方去生活。

在那个草原上住着许多动物,狒狒就是其中一员。在和狒狒朝夕相处的一段时间里,居民们发现一个很特别的事情:它们从来不会为没有水喝而"搬家",这就说明它们能找到水资源或者是对水特别敏感。于是,村民们想出了一个办法:"我们先将狒狒捉起来,喂给它们大把大把的盐,然后再将它们放走,我们就跟在后面"。试验果然成功了,被喂了大量食盐的狒狒,口渴得发狂,像脱了缰的野马一样,沿着高低不平的小路飞奔到一个十分隐蔽的山洞里。然后扑向一股溪水,痛痛快快地喝了起来。村民们喜出望外,他们再也不用为水资源而发愁,可以过真正幸福而美满的生活了。

挂着烤的食物

朋友们,你们看到过新式的烤炉吗? 就是挂着烤的那种。那你们知不知道许多好吃的食物都是挂着烤的呢? 下面我们就来说说关于挂烤食物的故事。

有一个名叫弗莱恩的汽车司机,每天努力地工作,收入却不多。他有一个聪明可爱的女儿,是弗莱恩的掌上明珠,叫爱贝。爱贝聪明活泼,惹人喜爱。她喜欢注意一些新鲜事物和想象各种稀奇古怪的事情。

故事发生在爱贝 8 岁那年。有一天,弗莱恩正在院子里给家人烤肉,爱贝站在旁边歪着头看父亲的动作,一边看一边想事情。父亲在烤肉的时候一会儿要翻转,一会儿又要小心翼翼地擦掉肉上多余的油脂。因为油脂多了,肉就会烤焦。

看着父亲忙碌的样子,爱贝突然想到了一个办法:"既然这些溢出的油脂都是不要的,那为什么不干脆让肉立着烤呢? 这样油脂就会自然地往下滴落,烤肉不就变得方便多了吗?"

爱贝非常兴奋地将自己的想法告诉了她的父亲。弗莱恩想了想,高兴地说:"是啊,宝贝! 这么好的办法,我以前怎么没想到啊?"

弗莱恩马上停下自己手里的活,跟女儿讨论起新式烤炉的设计来。他们先画了一些草图,再一一反复研究,终于制造出了一台新式烤炉。用过这种烤炉,人们再也不用为那些溢出的油脂伤脑筋了。

后来,新式烤炉批量生产了。它很快走进了人们的家里。弗莱恩一家也发了财,搬进了漂亮的别墅里。

思维小故事

偷钻石的学者

18 世纪,在瑞士的一个小镇里,发生了这样一件离奇的案子。

镇子里有一个很著名的珠宝店,这里收藏着很多稀世珠宝。然而最引人注目的,还是珠宝店老板比尔收藏的那颗罕见的黑钻石。据考证,这颗黑钻石曾经镶嵌在 17 世纪某王子的王冠上。后来被盗宝人从王宫中偷盗出来,流落到了民间。比尔为了招揽生意,让人特意制作了一个檀木小箱,专门存放这颗黑钻石。

有一天太阳落山的时候,省城来了 3 位绅士想要看看这颗黑钻石。这 3 位绅士中矮胖子叫威尔斯,是个制鞋商;瘦高个子叫李伯特,是个船厂老板;年纪最大的白胡子老头叫司蒂克,是个著名的学者。

比尔热情地把他们请进了店里,对 3 位客人说道:"请跟我到收藏室去看吧!"

在收藏室的角落里比尔,从架子上取下一只深紫色的檀木箱,小心翼翼地拿出那颗黑钻石。

"太好了!的确是一件稀世珍宝!"

"真棒!我还从没有见过这种成色的钻石!"

"啊,难怪有人为了它竟不惜性命呢!"

3 位客人围着比尔,眼睛紧盯着那颗黑钻石赞不绝口。

"您能不能详细地给我们讲讲这颗黑钻石的来历呢?"年老的学者问道。

"那好吧,咱们到客厅里坐。"比尔说着把黑钻石放回到檀木箱里,盖好箱盖,然后用一张涂满糨糊的纸条把箱子封好,3位客人又随比尔回到客厅。比尔刚要回答老学者提出的问题,却发现3位客人的右手指都有点小伤,并且他们手上都擦抹着碘酒。

比尔对3位客人道出了钻石的来历。

就在他们谈得兴致正浓的时候,比尔的老朋友希威先生来访了,他是位著名的化学博士。比尔知道希威先生来这里也是想看看那颗黑钻石,便让先来的3位客人稍坐,自己领希威先生来到了收藏室。当他撕下那湿漉漉的

白纸封条,打开檀木箱一看,顿时惊呆了,原来檀木箱里的黑钻石不见了。比尔在惊吓过度后昏厥过去。

"快醒醒……"希威先生急忙把比尔唤醒,将他扶到一把椅子上,并安慰他说:"不要着急,事情一定会弄明白的!请您先把事情的经过给我讲讲好吗?"比尔绝望地叹了口气说:"半小时前,黑钻石还在檀木箱里,可是突然就不见了!"

希威先生看了看空木箱,又问道:"这期间别人来过吗?"

"您来之前,我曾陪客厅里的3位客人来过这里,但离开这间屋子时,是我亲手贴上的封条呀!此后别人再没来过。"

"回到客厅后,那3位客人离开过吗?"

"对了,"比尔忽然想起来:"他们都先后上过卫生间,可能是那个时候……"

听到这里,希威先生说:"好吧,咱们去问问他们。"

当比尔无比伤心地把黑钻石被盗的消息告诉3位客人后,希威先生不冷不热地说:"聪明的先生们,比尔先生的这颗名贵黑钻石一定在你们谁的口袋里吧?我想我是不会猜错的!"

3位客人你看看我,我看看你,都做出一副无辜的样子说:"您可不能乱说话,这简直就是诬蔑!"

希威先生一直留心观察着3位客人。蓦然,他的目光落在了老学者司蒂克的右手上,大声说道:"就是他!"希威先生一步跨过去,紧紧抓住了司蒂克的右手碗,"就是你盗窃了比尔先生的钻石。快交出来吧!"

司蒂克只得从内衣兜里掏出了那颗名贵的黑钻石。

希威先生根据什么断定司蒂克就是盗窃黑钻石的人呢?

参考答案

希威先生从比尔的口中知道,这3位客人的右手指都曾受伤,并都抹过碘酒,他又看到檀木箱上湿漉漉的糨糊封条。当碘酒和糨糊碰到一起就会发生化学变化,变成黑色。因此,他注意观察3位客人的手,果然看到司蒂克的右手处有一片黑色。这便证明了偷盗钻石的就是司蒂克。

维生素的发现

在很久很久以前,爪哇岛上蔓延着一种怪病,叫"脚气病"。只要人得了这种病,就会浑身没有力气,走路也不方便。

为了治好这种病,医生艾克曼奉上级指令,来爪哇岛进行医学研究。

艾克曼发现当地的鸡和人一样,也会得脚气病。经过反复思考。艾克曼得出一个结论:人是因为细菌的感染才得脚气病,而鸡是因为吃了病人剩下的食物才得的。

为了验证自己的想法,他养了一群鸡,希望利用这群鸡来寻找病原细菌。但不幸的是:他非但没有找到答案,而那批做实验的鸡也全都患上了脚气病,这使艾克曼非常恼火。然而,事态突然有了转机,那批患有脚气病的鸡居然自己痊愈了。这可是个令人兴奋的好消息,艾克曼立即叫来饲养员询问情况。

原来,饲养员偷偷地用廉价的粗粮代替了白米来喂鸡。

"会不会是白米喂鸡得了脚气病,给它吃粗粮病就又好了呢?"

于是他继续用鸡做实验,结果吃粗粮的鸡不会得脚气病,而吃白米的鸡得了病。

然后艾克曼又在人群中做了同样的实验,结果相同,吃粗粮的人不会得脚气病,而吃白米的人都得了脚气病。

经过一段时间的努力研究,终于得出答案:人们除掉了米糠里的一种重要物质,这是维持生命所必不可少的元素"维生素"。

咖啡的由来

距今 1000 多年前,位于非洲埃塞俄比亚西南部的咖法省,那里住着许多聪明的牧羊人。

在一个阳光明媚的早晨,一位牧羊人唱着歌儿放羊,不知不觉来到了一片灌木丛,在那里,羊群美滋滋地饱餐了起来。直到日落西山,牧羊人才把羊赶回家。

到家以后,他发现这群羊有点异常,它们非常兴奋,像着了魔似的,不停地叫不停地奔跑跳跃。

"是不是羊吃错了什么?"牧羊人想到异样的羊,躺在床上翻来覆去睡不着。

第二天,牧羊人起了个大早,赶着羊群又来到了那片灌木丛上。

经过仔细观察,原来这里有一种他没有见到过的矮树,树上还开着一朵朵漂亮的小白花,结着一个个鲜红色的小浆果,而羊群特别喜欢吃它们。晚上,牧羊人发现羊群和昨晚上的情形一样,不进羊圈也不睡觉。"难道是这种矮树有什么奇特吗?"

他决定亲自去考察一番。牧羊人摘下来几个浆果,放在嘴里嚼了嚼发现清甜中又带些苦味,他又摘了一些反复品尝。

他把这种神奇的植物告诉了所有的人:咖啡就这样被人发现了。后来人们把这种浆果以地区的名字命名,叫作"咖法","咖啡"便是它的谐音。从此人类又多了一种饮品,就是"咖啡"。

思维小故事

幽灵的声音

英国大侦探洛奇来到法国度假,正当他在海滩上悠闲地欣赏海景时,突然看到了一位奇怪的男子。

只见他脸色苍白,表情恐惧而痛苦,坐在海边好像努力回忆着什么,又仿佛回忆起了什么恐怖的事情。洛奇很奇怪,于是走到他身边坐下来问道:"朋友,有什么我可以帮助你的吗?"这个男子好像被惊吓到,他猛然回过头,浑身颤抖起来。

"你别害怕,我没有恶意的,"洛奇连忙安慰他,"我只是想帮助你,有什么就告诉我吧。"

男子仔细地看了看洛奇,结结巴巴地问:"你愿意帮我吗? 你有胆量吗? 你相信我碰上了幽灵吗?"

"真的?"洛奇一下子来了兴趣,根据他的经验,所谓幽灵、鬼怪,其实都是人们自己想出来的。"你放心,快告诉我,我一定可以帮你。"

男子听到这里,一把抓住洛奇的手,说:"这件事情实在太可怕了! 我是豪华客轮拉夫伦茨号上的一名大副,上个月在返航的路上,拉夫伦茨号撞上了暗礁,因为船底破了一个大洞,于是船体迅速下沉。当时正是深夜,我根本来不及通知所有旅客,只能带着靠近指挥室的 10 多名旅客撤离到救生艇上。"

"后来呢?"洛奇问他。

"后来,我决定回去再救一些人出来。"那名男子继续说道,"可当我再次返回甲板上的时候,听到了龙骨断裂的可怕声响,我只好转身跳进大海,拼命向前游。"

"我不知道仰游了多久，忽然从海里传出一声巨响！那声音可怕极了，'轰'！我连忙仰头一看，只见拉夫伦茨号从中间断开，火花四溅，发出了惊天动地的爆炸声。我被气浪震得晕了过去，后来被赶来救援的海岸巡逻队救起来。"

"当我问其他生还的人是否也听到海里那恐怖的声音，他们都说只听到一声爆炸，而我听到两声巨响。"说着男子又颤抖起来。

洛奇沉思了一会儿，忽然笑了起来。他问道："当时其他生还者都在救生艇上，只有你不在，对不对？"

"是的。"男子疑惑地回答，"是不是我听到了海底幽灵的声音？"

洛奇大笑起来,他拍拍那名男子的肩膀:"其实根本没有什么幽灵!""可是我明明听到了两声巨响!"那个男子坚持说。

"对,一点没错。"洛奇点头赞同,"你们都没有听错!"

亲爱的朋友,你能解开这个恐怖的幽灵之谜吗?既然洛奇说男子和其他幸存者都没有听错,那么第一声恐怖的巨响是哪里传来的呢?

 **参考答案**

洛奇不愧是大侦探,他说得很对,男子和其他人都没错,男子确实听到了两声巨响,其他人则只听到一声爆炸。但是这并不是什么幽灵作祟,而是因为当时男子在仰泳,耳朵是埋在水里的。而水传播声波的速度,是空气的5倍。所以他首先听到了由水传过来的爆炸声,当他抬头察看的时候,耳朵离开海水,又听到了空气传导过来的爆炸声。由于心情紧张和水传导的失真,男子把在水中爆炸的声音误认为是幽灵发出的怒吼。

好吃的三明治

三明治是一种非常好吃的食物,它口感香嫩软糯,营养健康丰富,吃起来更是简单方便而无需携带餐具。所以三明治成为西方各国最常见的快餐。那它为什么叫"三明治"呢?

英国东南部的一个小镇叫三明治市,这里有一位出身于贵族的伯爵,他家财万贯,衣食无忧,整天无所事事,游荡在赌场,深深地迷恋上了赌博。只要站在赌桌旁,他就无法挪动脚步。

有一天,这位伯爵饿得肚子开始咕咕乱叫了,但是他不愿意离开赌桌。他想:"饿肚子会打断赌博兴致,有什么食物可以不用刀、叉和碟子,用手抓着吃就能填饱肚子?"于是伯爵喊来了厨师,吩咐去做自己刚刚想到的这种食物。

聪明的厨师按照他的要求,将早已做好的肉、鸡蛋和蔬菜夹在面包中给他吃。没想到伯爵见到这种食物非常满意,随即取名"三明治"。

伯爵灵光一闪:"这个三明治既好吃,又省时,分给赌友们不就不影响赌局了吗?"

于是伯爵要求厨师再多做一些,送给赌场的朋友品尝。朋友们一致认为:这个食物非常好。

从此,三明治就作为一种美味又便携的快速消费食品在全世界流行开来,得到了喜欢美食又要节约时间的朋友的青睐。

圣代的产生

在闷热的夏天,吃冰淇淋是最消暑的。

我国唐宋时期,劳动人民发现,制造火药的硝石溶解于水中会吸收大量的热,可以使水降温,甚至结冰。于是有了夏天也可以制冰的方法。

元朝时期,著名的意大利旅行家马可·波罗来到了中国,学会了这种技术并带回了本国,由此意大利人便可以在夏天喝上冰凉的饮料了。

到了 16 世纪,一位法国皇后卡特琳特别爱喝冰饮。她的厨师是一个能工巧匠,设计了一款加上奶油、牛奶和各种香料,在冷冻的半固体状态下刻下美丽花纹的冰淇淋,专供皇后享用。后来一位叫卡尔罗的商人设计了一款具有黄、绿、白等漂亮颜色的"三色冰淇淋"。

接着美国商人史密森又突发奇想,把原先的"三色冰淇淋"改造成了我们现在吃的巧克力圣代。

故事是这样的,那是一个轻松愉快的星期天,天气炎热,史密森的冰淇淋店前面排着长长的队伍,等着购买冰淇淋。

"老板,冰淇淋不多了,只有些还没加工的冰块儿。"店里的伙计向老板史密森小声说。"什么,卖完了?"史密森又惊又喜,"再弄些呀,不然这些顾客怎么办?"伙计为难了。"瞧,用这个代替。"史密森灵机一动,在剩余的冰块中掺进了一些巧克力和水果汁,并把它搅拌均匀,成为一种色、香、味与众不同的冰淇淋。当伙计战战兢兢地把"掺了假"的冰淇淋售给顾客时,想不到他们赞不绝口,称赞这种新产品又好看又好吃。

第二天,一些顾客还排着队要购买昨天的那种冰淇淋。史密森大喜过望,立即按照昨天的配方制作冰淇淋,并给它起了个名字,叫"星期天冰淇淋",以纪念给自己带来财运的星期天。可是想不到名字一公布就遭到了教会的反对,说这一天是耶稣的安息日,用这个名字是对耶稣的亵渎。这才使史密森把名字改成了"圣代冰淇淋"。

虽然现在冰淇淋的品种越来越多、口味越来越丰富、口感也越来越好,但是史密森的圣代冰淇淋仍然是最受欢迎的一种。

思维小故事

山冈上盛开的花

位于加拿大太平洋海岸上的温哥华,四季温暖如春。一个晴朗的早晨,警方在可以俯视海湾的山冈上发现了一具女尸就躺在铺着一块塑料布的草地上。

经过警方的调查,死者三十五六岁,独自一人住在城里的一家公寓里,她丈夫在几年前因飞机失事遇难了,此后她便靠救济金和生命保险金维持生活。因为她有花粉过敏症,所以很少外出,她总喜欢编织毛衣和刺绣,是个比较独立的女人。

警方判断死亡时间约在前一天傍晚。死因是氰化钾中毒。尸体旁边掉落了掺有氰酸钾的果汁空瓶。空瓶上还留有她的指纹和唾液。同时,警方还在她的手提包里发现了一本日记,里面抄写了一首美化死亡的诗句。据此判断,警察认定此案为自杀。

— 73 —

死者的哥哥接到警方通知从首都渥太华赶来处理此事，当他看到妹妹死亡的现场时，就马上表示，说："警察先生，我妹妹绝对不是自杀的。"

刑警大为吃惊，问他理由。

哥哥指着草地上盛开的黄色野花说明了理由。

之后，他又接着说："罪犯一定是为了劫钱而毒死她的，而且第一现场不是这里。罪犯将她杀害后移尸至此，伪造服毒自杀的假象。至于那本日记里的诗，其实妹妹从小就喜欢诗词，这首诗早就抄到日记本上了。一定是罪犯看到日记里的诗句而利用了它。总之，请务必重新进行调查。"

在他的强烈请求下，警察重新进行了勘察，几天后便抓到了罪犯。

罪犯是个叫杰克逊的中年男子，和被害人同住一个公寓，是年初才搬来的。当他得知邻居是个小有钱财的寡妇后，便主动接近她，百般引诱她。此后，正如被害人的哥哥所想的那样，罪犯伪造她服毒自杀的假象，移尸到这满地野花的山冈上。

罪犯以为自己伪装得很巧妙，但没料到被害人的哥哥可以一眼看出真相。被害人的哥哥是如何看出问题，并对妹妹的死因提出疑问的呢？

 参考答案

哥哥知道妹妹患有花粉过敏症，所以，她不可能选择在满地鲜花的场所实施自杀。

挑战你的想象力

第三章　工具的创造

纸信封的由来

19世纪,英国有一位叫布鲁尔的商人,他在一个海边的闹市区开了一家小小的书店,并且兼营代客发信的服务。

在一个炎炎夏日的中午,几个来海边度假的女士来到布鲁尔的店里,询问有什么封套之类的东西。因为这些女士想给远在他乡的情人们写信,信里的内容是十分隐私的,她们不愿意让人知晓内容。这些女士纷纷要求布鲁尔在寄信的同时,为她们加一道"保密措施"。

可是怎样才能达到这些女士的要求呢?

布鲁尔盯着柜台里摆放的信纸,忽然灵机一动:"我可以按照信纸的尺寸,做一批带封口的信封,既携带方便,而且也可以保护信纸,一举两得!"于是,布鲁尔就按照自己的想法做出了世界上第一批带封口的纸信封。

1820年,这种信封受到人们的广泛认可,于是人们就开始批量生产纸信封。

1844年,在英国首都伦敦,工程师设计并且制造出了世界上第一台糊信封的机器。

我国从1979年开始便规定了民用信封尺寸的标准,并对它进行大力推广,提倡广大人民群众到国有邮政局去投递信件。

现在,中国的《邮政法》规定:"任何单位及个人私自拆开他人信件,均属于违法行为",就这样人们的隐私权得到了保护。

洗衣机上的吸毛器

老式的洗衣机洗完衣服后总是沾着小棉团之类的东西,它会把刚洗好的衣物弄得脏兮兮的,所以如何清除棉团成了洗衣机制造厂家的一个棘手问题。

有一位名叫绍喜美贺的日本家庭主妇在用洗衣机洗衣服时,也碰到了这一情况。她积极的思考着解决这个问题的办法,猛然间想起了自己童年在农村山冈上捕捉蜻蜓的情景。她想:"小网既然可以网住蜻蜓,那么在洗衣机中放一张小网,是不是也可以网住小棉团之类的杂物呢?""我把小网挂在洗衣机内,洗衣服时,水不停地转动,衣服也跟着转动。这样,小棉团之类的小东西就会附着在兜网上,洗完后用手在小网兜里一捞,就可以把杂物清除干净。"

绍喜美贺把自己的想法告诉了一些好朋友和科研人员,但他们对她的想法表示不予支持,认为太稚嫩了,根本不符合科学规律。科技上的问题比绍喜美贺的想法要复杂许多。

但是绍喜美贺却对自己充满了信心,她对别人的否定态度不予理睬。依靠自己的想象,反复地研究试验,做了一个又一个小网,终于在 3 年后获得了成功。

绍喜美贺发明的小网兜就是我们今天洗衣机上的吸毛器,它使用方便、用法简单而且成本低,深受广大家庭主妇的喜爱。后来她为这个小发明申请了专利,并取得了高额的专利费。

这就是洗衣机上的吸毛器发明过程。

思维小故事

林肯破案

美国总统林肯曾是律师出身,24岁时他曾在纽萨赖姆林邮局当过代理局长。他对待工作一丝不苟,当了局长还依然挨家挨户地去送信。

一天清早,林肯给一位名叫史密斯的青年去送信。史密斯是一个刚来村子不久的神父。因为教堂还没建成,他便临时独居在一间小屋里。林肯在小屋门前大声喊了几声,又敲了好久的门,竟毫无动静。

"也许是出门办事了。"林肯一边想,一边到小屋后面的田野中去找。刚到那里便看到史密斯倒卧在田地里,背上还插着一支印第安人的箭。

一个警察刚好路过此地,林肯急忙去报案。当警察看到尸体上的箭时,大惊失色,尖叫道:"这是'黑鹰'的复仇!"

林肯知道这"黑鹰"指的是印第安撒古族的酋长。

警察说:"撒古族的酋长与这个村子结怨已久。"

林肯问:"既然他来报仇,怎么可能没留下脚印呢?"

"那酋长射箭技术了得,他一定是从远处射的箭,当然不会有他的脚印。"

"那么神父的脚印怎么也没有呢?昨晚刚下了雨,田里是湿的,土是软的,只要有人在上面走动,就肯定会留下脚印的呀!"

"看来是这场雨把神父的脚印冲没了。"

"不对,警察先生,神父的衣服是干的,他并没有淋过雨。"

"也许是因为经过一夜的时间,让风给吹干了。"

"不可能,"林肯说,"你瞧,他的伤口上还有血凝结后的痕迹。要是淋过雨,血迹也早就给冲去了。"

　　"那么,神父一定是在雨停了以后才被射死的。"

　　"不,警察先生,刚刚我们就看到田地里没有神父的脚印。难道他死后再将脚印抹去吗?"林肯说完,认真观察周围情况,他注意到离神父尸体3米远的地方,有一块大木板,高两米左右,这里就是计划盖教堂的地方。

　　身高1.93米的林肯走近木板,踮起脚朝另一边看去,那里是一个空院子,但是在里面的一棵大树上挂着一个秋千。院子四周是光秃秃的红土层,没有杂草,也没有人走过的印记。

　　林肯说:"我知道是怎么回事了!"

　　"是什么?"警察问。

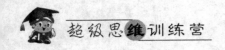

林肯抱起矮小的警察,让他自己看看里面的一切。

他们到底看到了什么?为什么案发现场没有任何人的脚印呢?

参考答案

神父在荡秋千,酋长的箭射中了他,他的身体就随着摆动的秋千被抛过了板壁,落在这田里,所以并没留下他的脚印。

避雷针的发明

现在的建筑上经常要使用到避雷针,是用来保护建筑物避免雷击的装置。可是你知道避雷针是怎么来的吗?在这里,我就讲述一个有关避雷针发明的故事。

"上帝发怒了,所以天空会打雷;上帝举起了他的利剑,所以天上出现闪电;上帝在哭,所以天会下雨。"这种说法,在古代的西方早已成为了"真理"。

可是美国科学家富兰克林却坚决不赞同这种说法。原因是,曾经在他年轻的时候,雷电击中过他家附近的小教堂,引起了火灾,把整个教堂烧成了灰烬。

然而当时人们嘴里所说的上帝,并没有庇佑这座长久供奉他的教堂。"既然上帝对供奉他的教堂都不庇佑,那他是不是傻子呢?或者说:根本就没有上帝这个人。"富兰克林决定亲自弄清楚打雷闪电是怎么回事。

在那次事故之前,富兰克林恰好在做一些跟闪电打雷有关的实验。这场突如其来的火灾,让富兰克林茅塞顿开,他想:"天上的雷电怎么跟实验室里的电火花这么相似呢?难道天上的雷电,就是生活中接触到的电?"

他研究了雷电击中过的教堂后,发现一般雷电都集中在物体的最上面。"我为什么不把尖头的金属杆装到屋顶上,然后用金属杆连接电线杆把它引

到地面上呢?"

他怀揣着方案来到英国皇家学会,激动的把自己的想法阐述给科学家们听。不料,他们对他的设想非常冷淡,甚至嘲笑他说:"你可真是不知道天高地厚啊! 小心被雷电劈死。"

"我相信真理能够战胜一切。我会用实践来向人们证明的。"富兰克林在困难面前不仅没有退缩,反而坚定了他实验的决心。他为自己制订了一套周全的方案——在雷雨多发的夏季进行实验。

过了一段时间,夏天到了。富兰克林终于有机会把这个计划付诸现实了。

在一个闷热的夏天,乌云密布,雷声阵阵,震耳欲聋。这预示着一场暴风雨即将到来。富兰克林和儿子威廉一起把一个装有金属杆和铁丝的风筝,放上了天空上。随即,一阵洪亮的雷声又响起了,天上下起了瓢泼大雨。富兰克林父子俩浑身湿透地站在雨里,心情非常激动。他们冒着大雨慢慢地等待着。

只听见"哧……"的声响,一道闪电击中了他们放飞的风筝,富兰克林马上用手去触摸风筝连接线上的铁丝,一种恐怖的电击感,即刻穿透全身。他马上把风筝线上的电引入到莱顿瓶中。根据多年的经验他证实,真的有电!而且雷电具有和实验室里的电一样大的威力。

"既然天上的雷电与摩擦产生的电具有相同的性质,那能不能把它实际利用起来,使人类避开雷劈呢?"富兰克林不断地思索,"既然可以把这个'魔鬼'装进莱顿瓶,那我就有办法制服它!"

富兰克林按照自己的理论和实践经验,在一幢高楼的顶端,竖起了一根长长的金属棒,用不导电的材料将它固定好,并且把它与其他的物品隔绝开来。然后他还在金属棒的底部接了一条金属线通到地下,这样就有效地避免了建筑物在遭受雷电袭击后倒塌或者发生火灾。

这就是世界上第一根避雷针,也就是后来广泛应用在建筑物上的避雷和闪电的重要设备。

由于富兰克林的发明,使人类向文明社会的建设跨越了一大步。高层

挑战你的想象力

建筑物大量地建造起来，而且没有雷电袭击的危险。显然，避雷针是现代建筑中不可或缺的一部分。

小玩笑和大发明

你们知道吗，有时候小玩笑可以成就一个大发明。不信？那就来看看下面这个小故事。

一天，日本富士胶卷销售部部长到公司来视察。无意间和负责开发的部长及研究员开了一句玩笑："为什么不在这些胶卷上加装镜头和快门呢？"

有道是"说者无心听者有意"。

销售部长的话激发了他们对产品开发的灵感，他们纷纷冒出了这样一个念头："要是能发明一种即用即抛的相机该多好啊！事在人为，只要努力，就一定能研制出这种相机来。"

接着他们针对不同层次的客户进行了市场调查，结果发现有 70% 的人，在一年中至少有 3 次面临着想拍照片，而又找不到相机的情况。

日本富士胶卷公司经过缜密的分析和大量技术的革新，将普通相机进行了简单化——从普通相机的 400～700 个零件，减少到 26 个，这是一种在底片盒子上附着镜头的一次性相机。值得一提的是，尽管新式相机做了大幅度的改进，但是拍摄效果毫不逊色于普通相机。

一次性相机不仅风靡了日本，在国际上更是名噪一时。由于日本富士胶卷高层员工丰富的想象，世界上又多了一种优秀产品。

思维小故事

吹牛大王的破绽

A 君经常和人在聊天时吹牛皮。

有一次 A 君和别人说自己周游了全世界，连非洲大沙漠都去过了，并且还神秘地拿出一张照片来，"你们看，这就是我在非洲大沙漠上骑着骆驼让人拍的照片。"B 君看到照片上 A 君骑着双峰骆驼，哈哈大笑。说："这是你在非洲骑的骆驼？别吹牛了，说实话吧，是不是在动物园照的？"

A君不禁惊奇地问:"你是怎么知道的?"

请大家想一想,B君是如何看出破绽的?

参考答案

照片中A君骑的是双峰骆驼,而这种双峰骆驼在非洲是没有的,非洲的骆驼都是单峰的。

用小木棍做火柴

众所周知,火的利用是人类文明进程中的重要里程碑。

用火来加工食物,使人类告别了食用生食的习惯。不可否认,人类的发展和火的利用是息息相关的。但是火也有破坏性的一面,如果利用得不好,会引发火灾。

于是安全有效地利用火种,就被搬上了有效驾驭火、保护火种的舞台。

我们通常所用的传统的火柴,是由英国化学家约翰·沃尔克发明的,这一重大发明使人类的发展又向前跨越了一大步。那么第一枚火柴是怎么诞生的呢?

有一天,约翰·沃尔克为了制作一种猎枪上的火药,他把金属锑和钾混在一起,用一根小木棍搅拌。拌好后,他想把小木棍上的混合物弄干净,于是他就把小木棍在地上不停地磨擦,磨着磨着,粘有混合物的一端"啪"的一声燃起火来,整根木棍也跟着燃烧起来了。

约翰·沃尔克被这突如其来的景象惊呆了,他的脑子里灵光一闪:"要是我能用这种办法制成火柴,然后保存起来,需要时拿出来轻轻一划,就有火了,多好啊!"

于是他把自己全身心地投入到火柴研制中去,最后终于完成了这项发明,世界上诞生了第一根火柴,它是个安全火种,他成功了!

随着火柴不断的改进，现在人们使用的火柴是由几种化学药品混合制成的。主要原料是氯酸钾和二氧化锰，它们都是氧化剂，里面还有易燃的松香和硫磺。

人们为了延长火柴的燃烧时间，添加了一种玻璃粉，能够起到缓和燃烧的作用；为了防止火柴上化学药品的脱落，科学家们还给火柴成分中加了一种牛皮胶。

安全的防触电插座

1985年，中国上海市和田路小学的徐琛发明了"四用防触电插座"。这个消息不胫而走，成为人们讨论的佳话。

这个发明起源于徐琛的弟弟一次危险的触电事故。

在一个星期天的下午，徐琛正在专心致志地复习功课，突然听到顽皮的小弟弟"啊"地惨叫一声摔倒在地板上，徐琛吓了一大跳。她赶忙跑过去，只见一根长铁丝还镶嵌在插座上。经过询问，徐琛得知年幼无知的弟弟，发现电线插座上的小洞洞非常神秘，于是用铁丝戳到洞里，就被一股强大的电流击倒了。幸运的是，过了一段时间弟弟脱离了危险又开心地玩耍了起来。

但是徐琛的心底却掀起了一阵阵波澜，那惊险的画面时时出现在她的脑海之中，她想："不懂事的小孩子在看到插座时会觉得非常好玩，用一些铁器或手指伸进插座孔里探个究竟，这样的话很容易会触电，对人体产生极大的危害。要想解决这个头痛的问题，只有发明一种防触电插座才行。"

于是徐琛利用课余时间查阅了许多课外资料，并绘制出一张张安全插座的基本结构图，最后她做出了一个防触电插座的模型。她把模型带到学校的"星期日创造发明俱乐部"，给老师和同学们看。有的同学说："这个插座虽然外表很好看，可是不实用。"有的同学说："这种插座在使用中也许会受到许多限制。"有的则啧啧称赞。

大家你一言我一语地争相讨论者，徐琛非但没有生气还越听越高兴，她

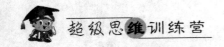

将同学们的意见和建议写在了图纸边上。到了晚上重新思考了一遍,她决定这回要制作一个别具一格的安全插座!

不久后,幸运之神果然给了徐琛一个绝好的机会。

这天,徐琛陪妈妈去大商场里购物,她注意到商场的门是两扇的。进入时先打开一扇然后再打开另外一扇,就在打开第二道的时候,她突然对自己的构思有了新的想法。她想:"我们上自然课时,老师不是讲过闸门的原理吗,就是甲门关上,乙门打开;乙门关上,甲门打开……要是把这"闸门"用在防触电的插座上,就可以起到保护作用了,只是打开一道闸门的话,就不会有触电的危险了。我这就去做个试验。"

原理是这样的:安全插座里有两道闸门,如果只打开其中的一道的话,电进不去,只有当两道同时打开时,电流才能通过。

过了两天,徐琛再次把自己的科研成果带到"星期日创造发明俱乐部",向老师和同学们阐述了她的发明原理和使用方法。这回他们对她的发明给予一致好评,经过老师的再三检查和测试,终于顺利通过了。

接着老师和同学们又对徐琛的插座进行了不断地改进,改良后的"四用防触电插座"最终诞生了。

由徐琛同学发起、经过多人帮助,制造出的既实用又有意义还能保护人身安全的家用电器,于1985年3月26日的日本第三届世界青少年发明创造展览会上,荣获展览会最佳作品奖。这就意味着徐琛同学的发明得到了世界的认可,她的发明正走向世界。

思维小故事

名贵项链失窃

在一个名流舞会上,A夫人突然惊慌地喊叫着,说自己名贵的珍珠钻石项链被偷了。

警方人员立即封锁了现场,然后向著名的 B 探长汇报。

B 探长来到现场后,先征得宾客的允许,搜遍了所有在场的客人和各个角落,但是仍然没有丝毫线索。

于是,B 探长对 A 夫人进行了询问,同时到出售这条名贵项链的珠宝店进行了调查。

珠宝店经理把 A 夫人这条项链的图片拿给 B 探长看。B 探长看完后了然于心,说:"果然如我所料,是这个人偷的!"

亲爱的朋友们,你看一下那张图,能推断出谁是偷项链的人吗?

挑战你的想象力

参考答案

偷窃这只名贵项链的正是 A 夫人本人。因为从图中照片上看,项链是没有挂钩的,如果有人想将项链取下,必将扯断链子,而珍珠肯定撒得满地都是,只有 A 夫人本人才能在不破坏项链的同时将项链脱下。

手电筒的发明

100 多年前,有一位名叫康拉德·休伯特的俄国人,举家从俄国移民到美国。

一天,康拉德·休伯特应邀到一位朋友家里做客。主人扬扬得意地从卧室拿出来一个金光闪闪的花盆,骄傲地说:"老兄,这是我亲自制作、发明的,漂亮吧!你看看怎么样?"

休伯特对着这个花盆,看了半天,才发现花盆里装着一节电池和一个小灯泡,开关一开,灯泡就亮,并照亮了花朵,所以花朵就显得光彩夺目。

他仔细端详着这个花盆,心想:"这么漂亮的花盆是因为有了灯光的点缀才熠熠生辉,"又想到:"有时候自己在夜间走路,高一脚低一脚很不方便。有时候要到漆黑的地下室里找东西,不得不提着笨重的油灯,要是能把电灯随身带着照明,那该多方便啊!"

然后,休伯特小心翼翼地把花盆还给了朋友,急匆匆地回家了。

到家后,他马上把自己的想象付诸了行动。准备好各种仪器后,开始做起了实验。他找到了一根管子,又找来了电池和灯泡,然后他把电池和灯泡放在管子里。

经过无数次的试验和持续地改进,终于制作出来了世界上第一支手电筒。

从此以后,我们在夜间走路的时候就有了轻便、高亮度的照明工具——手电。这要感谢休伯特!

脱胎换骨的电子工业

在现代电子工业中,集成电路是必不可少的。无论在工作、学习、生活中,集成电路都发挥着重要的作用。然而是谁发明的集成电路呢?那就是来自美国的杰克·基尔比,他在 2000 年 10 月 10 日于瑞典首都斯德哥尔摩荣获了全球最高的科学奖项——诺贝尔物理学奖。

杰克·基尔比的一生非常具有传奇色彩,他从未接受过物理学方面的正规教育,更不是什么物理学家。在 1941 年的夏天,他前往马萨诸塞州,去参加麻省理工学院的招生考试,仅以 3 分之差名落孙山。虽然生活没有给予他机会,使他得到正规的教育,但是他毫不气馁,通过自己坚持不懈的努力,最终突破了物理学安装构造的瓶颈,成功发明了微芯片(集成电路)。基于这个发明,他开启了信息时代(IT 时代),并被授予诺贝尔物理学奖。

杰克·基尔比出生在美国堪萨斯州,他的父亲是一家公司的老板。学生时代他的理想是当一名电气工程师,在第二次世界大战爆发后,他毅然决然地投身于战争中,成为了一名美国战士。在战场上他奋勇杀敌,英勇无畏,等到战争结束后,他进入了伊利诺伊大学继续自己的学习生涯。但令人遗憾的是,他大学毕业后,因为没有工作经验,大多数公司不愿意聘用他,只有一家生产电子零件的小公司表示出了对他有些许的好感,他接受了这份工作,毕竟有工作比没有工作强。几年后他觉得在小公司里难以大显身手,于是在 34 岁那年开始计划跳槽,他想:"到大公司里工作对自己的前途有利,也能锻炼出能力。"于是基尔比马上将想象付诸行动。

他到得克萨斯仪器公司进行过面试,意外地,他被那家公司录用了。当时,得克萨斯仪器公司是一家规模较大和较有影响力的公司,在电子行业中

占有很高的地位。一进公司,他就受到了重用,参与了高层会议。公司高层通过反复的讨论最后决定把"元件的内部连接问题"提上公司议程,并且让基尔比研究解决其中最重要的问题。基尔比觉得自己终于找到了用武之地。

当时,晶体管已经在电子工业中占据了领导地位,许多工程师正在为制造出一种高速电路而反复研究和实验。一台电脑配有成千上万个晶体管、电容器、电阻器等,要把这些电子小元件按电路图一个个地焊接起来,配线和焊接接头实在是太多了。比如说,现在非常普通的一只电子手表,在当时大概就有3 000个晶体管。如果用足够的晶体管和其他分立元件来组成电路,将需要焊接近万个焊接头。如果安装成功,那么这么一块电子表的体积将会比我们现在使用的一台普通电视机的体积还要庞大。为了这个棘手的问题,全世界的科学家们都在努力寻找着解决方案。

基尔比的设想大胆而新奇:"我能不能取消所有的配线呢?"取消所有配线,这在当时是前所未有的做法。他想:"是不是所有线路元件都可以印刻在同一块硅片上?电阻器、电容器、配电器、晶体管……"

当时,在电子学领域里他是一个新手,别人认为不可能的事他就觉得很有可能。他把这个想法用记事本记录了下来,带回了实验室,进行科学研究。

开始,基尔比有一些顾虑,他想:"按照我的构思,所有的基本元件用同一种材料制成并刻在同一块硅片上,所有的连接线也印刻在硅片上,整台电脑的线路印在一块指甲盖大小的硅晶片上,这能行得通吗?"他决定先做出来再说。

他向上级请示为他的"集成电路"提供良好的实验环境和条件,上司同意了基尔比的要求,但规定他不要花费太多的成本。

在1958年9月12日这一天,得克萨斯仪器公司所有的高级员工都来到了基尔比的实验室,争相观看他的辛苦成果。基尔比将各种配线连接起来,然后接通了电源,刹那间,屏幕上出现了一条明亮的绿色蛇行光线。基尔比成功了! 在旁边观看的人们都为他欢呼鼓掌。基尔比热泪盈眶,激动得连话都说不出来了。

2000 年 10 月 10 日，瑞典首都斯德哥尔摩为来自美国的基尔比举行了颁奖仪式，颁给他全球最高的科学奖项——诺贝尔物理学奖。

思维小故事

黑衣人是怎么死的

在一个寒冷的清晨，有一个男子身穿黑衣，头戴黑帽，黑色的墨镜遮住眼睛，手里拎着一只大大的黑色皮包，快步向市中心走来。因为他的打扮和举止过于另类，在清早寂静的大街上特别显眼，因此立刻引起了警察奎尔的注意。于是，奎尔悄悄地跟踪了他。黑衣人穿过大街，走进了一家大饭店，可是他并没有直接去登记处，而是进入了洗手间，并随手将门轻轻地关上了。这一切都落在奎尔眼中，于是他决定继续观察。他找了一把椅子，点燃一支烟，然后故作悠闲地坐在离门口几米远的地方，想等黑衣人出来。饭店里中央空调开得很强，让奎尔觉得有些热。

5 分钟、10 分钟、20 分钟过去了，洗手间一直没有打开，而且里面毫无动静。奎尔突然想此人可能已经跑了，于是拔枪上前敲门，但里面没人应答。奎尔又敲了几下依然没有声响，情急之下他用力撞开了门，可是眼前的景象使他惊呆了：洗手间里只有一具倒在血泊中的尸体，黑衣、黑帽、黑眼镜、黑皮包扔在一边。奎尔立刻向警察局报告。警方派人仔细勘察了现场，发现死者是被锐器割破血管致死的，胸前的衣服有被水浸湿的痕迹。但令人费解的是找遍了整个洗手间包括下水道也没发现作案凶器，黑皮包里空空如也；洗手间没有其他进出口，门窗也没有被破坏的痕迹，警察奎尔就坐在门口没看见其他人进出，因此绝不可能是其他人将其谋杀的。检查结束，只发现血里掺杂着点点水迹。

经警察调查得知,此人刚刚购买了大量的人身意外保险,如果死于意外或者他杀,其家人将可以获得巨额保险赔付。但如果说他是自杀,那凶器呢？警察对此百思不得其解,于是只好请大名鼎鼎的朗波侦探来协助破案。朗波侦探仔细检查了现场和死者的伤口后,很快就发现了真相。朗波侦探说:"他是自杀的!"

你知道这人是怎么死的吗？

想象之旅

死者是自杀的,他使用的凶器是藏在黑包里的冰刀。死者将自制的冰刀带到洗手间,自杀后将冰刀藏进胸前的口袋里。由于身体温度高,致使冰刀被迅速融化了。

井下通风得出的结论

过去人们用扇扇子的办法，产生流动的风来消暑。后来人类发明了电风扇，把它用来使房间降温。而现在家家户户都安装的空调，空调使我们彻底战胜了高温。

那么你们知道空调是怎么发明的吗？现在就来讲一个故事。

1881 年 7 月的一天，美国总统加菲尔德突然在华盛顿遇刺，生命垂危，随从们立即把他送进了一家医院急救。当时华盛顿出现了历史上罕见的高温天气，整个病房像烤炉一样炙热。为了降低病房里的温度，以挽救总统的生命，矿山技术人员——多西奉命执行这项任务。

多西接到这个重要的任务后，他的心里感到前所未有的沉重。但是时间紧迫，容不得他胡思乱想。于是他决定：全身心地投入到"降低总统病房里的空气温度"的实验中去。

多西是一位杰出的工程技术员，他非常敬业，在矿山的开发和建设领域中，得到人们的一致赞许。但是这次发明与一般的发明存在着很大区别：没有时间进行反复的实验和耐心专研，没有机会进行产品实验，只能成功不能失败……起初在多西接收到"给病房降温"这个任务的时候，他最先想到了使用干冰来进行降温，这种物质的特性是能迅速降温。

"多西呀，使用干冰降温我们医生也知道，可是用这种方法降温实在无法控制温度，一旦数量不足，温度就会立即回升。"一位医生提醒的话，像一记耳光一样让多西无语了。

"嗯，没错。不过，你们先用着这种方法。同时在室内放些冷水，这样也能把温度降下来一点，"多西接着说，"我再想想其他办法。"多西说完，便一头扎进了实验室。

多西对矿井的研究非常深入，而且他对自己的本行工作特别有建树。

挑战你的想象力

于是再次想到了他的老本行，他想："每当给矿井通风的时候，空气受到压缩，就会放出大量的热，这时候周围的温度就'变暖'了；每当压缩空气还原的时候，又会吸收大量的热量，周围环境的温度又会'变冷'。能不能通过压缩空气的办法来控制周围空气的温度呢？就是说，这种机器既能压缩空气也能释放空气，从而控制温度。"多西决定按照以这个设想为蓝本，来制造出一部可以降低温度的机器。

他立即在纸上记下了自己的想法，于是设计图的雏形诞生了。他让助手和他一起翻阅了有关空气压缩膨胀的相关资料，并且把要制造出来的机器按照他原先构思的样子制造出来。经过试验，这种特殊的降温机器具有非常明显的降温功能，并且运行稳定，不会产生较大的落差。多西看着制造好的机器，开心得一蹦三尺高。他开心得大叫："太好了，我成功了，这下总统有救了。"

尽管降温机器发明成功了，但是也有不足之处。比如：机器体型庞大，占用了病房里非常大的空间，这样会影响摆医疗器具，而且噪声也非常大，妨碍了总统休息。

多西连忙把医生的建议记在了小本子上，然后把它带回家悉心研究。最后他决定再次改进，以期达到最理想的状态。

经过一系列的改进，多西把原来的发动机在动力不减的情况下缩小了体积，又增加了一些能吸噪声的装置。这样，成功地将病房里的温度从30℃以上，降到了25℃左右的凉爽程度——这就是我们现在使用的家庭空调机的雏形。它的发明，意味着人类征服世界、改造世界的征途又踏上了一个新的里程碑。

在20世纪50年代以后，小型空调机得到了广泛的应用。直到现在，空调成为了人们生活必不可少的家用电器之一。

电炉的由来

1900 年夏天的一个周末，休斯应邀到朋友家做客。吃饭的时候，他们一边聊一边进餐。休斯慢慢发现菜里有一股很浓的煤油味，不禁把菜都吐了出来。休斯朋友的妻子也尝出了菜的古怪味道。她一边端水给休斯，一边连声道歉："实在对不起，一定是我刚才弄煤油炉时，不小心把煤油弄进了菜锅里。"她无奈地抱怨起煤油炉来："这鬼炉子，三天两头出毛病，有时候急用，火又不旺，修一下吧，又粘一手油。既不方便又不安全。"

休斯一边听着朋友的妻子抱怨，一边想："要是能发明出一种用电的炉子，那该多好啊！既可以避免煤油炉的诸多缺点，又可以方便安全地使用，肯定会很受欢迎。"

于是吃罢晚饭，休斯就赶忙回到家，按照想到的思路做起了实验。他平常也非常注意在各类电子杂志中寻找答案。为了制造出高性能的电炉，他做的实验不计其数，甚至还冒着被电击的危险。

经过无数次的实验，在 1904 年，休斯的电炉终于研制成功了。电炉的问世受到家庭主妇的极大追捧，成为大众最为喜爱的灶具之一。

休斯抓紧时机，在芝加哥成立了公司，相继推出了电锅、电壶等家用电器。正是由当初小小的想法和之后的勤奋努力，才展开了休斯生命中最为辉煌的一页。

思维小故事

会抓贼的盲人

摩恩探长有个知己,是一位著名的钢琴演奏家,曾经在无数的钢琴比赛中得过大奖。更加令人钦佩的是,他是一个残疾人——盲人,也许是眼睛看不见的缘故吧,他的耳朵异常灵敏,人们给他取名为"金耳朵"。

有一次,有个富商举办宴会邀请了摩恩探长和钢琴家。富商请钢琴家演奏一首曲子。钢琴家便坐到钢琴前弹起了欢快的华尔兹,人们便跟随音

乐跳起了舞。忽然，乐曲戛然而止，钢琴家说："你的钢琴有个琴键音不准。"

富商尴尬地笑了，只好播放唱片。大家又开始跳舞，就在这时候，房间里的灯突然全部熄灭了，周围一片漆黑，紧接着，楼上传来"扑通"一声巨响，好像什么东西被打翻了。富商惊叫起来："楼上的书房里有贼！"人们立刻慌乱起来。摩恩探长大声说："请安静！"于是大家静了下来，紧张地屏住了呼吸，只听到时钟"滴答滴答"的声音。

盲人平时就生活在黑暗中，没有灯光对钢琴家来说毫无影响。他让探长带着悄悄地来到二楼书房门口，轻轻推开房门，里面伸手不见五指，小偷躲在哪里呢？钢琴家听了一会儿，拉过探长的头，小声地说："你顺着我的食指过去，坏人就躲藏在那个方向。"探长点点头，便朝那个方向猛扑过去，只听"哎哟"一声，有一个人被扑倒在地。

富商点着蜡烛也跟了过来，一进门便看到落地大座钟的前面躺着一个男子，他捂着腹部脸上露出痛苦的表情，银箱里的钱撒了一地，摩恩探长马上知道了钢琴家为什么能"看"到罪犯。

钢琴家实际上是靠"金耳朵"，听出了坏人躲在哪儿的。那么，到底是什么让钢琴家"听"出坏人的位置呢？

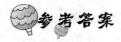 参考答案

盲人进房时，听到了大座钟的"滴答"声突然变弱了，说明窃贼就在座钟的前面，他就指示探长朝大座钟的方向扑过去。

给火车一个好的刹车

在很久以前，美国有一个非常贫穷的少年叫威斯·汀豪斯。有一次，他在乘坐火车的时候亲眼目睹了一场牛车与火车相撞的车祸。

在这场车祸中，赶牛车的人当场死亡，而火车车厢也撞坏了，受伤的乘

客不断地痛苦呻吟。

威斯·汀豪斯后来得知这场事故是由火车刹车失灵而引发的,于是他想:"我为什么不去发明一种有效的制动闸,保证火车行驶的安全呢?"

经过周密的调查,他得知火车的制动闸完全靠人工来控制,当遇到紧急情况,会先由司机发出信号,然后每节车厢搬起制动闸把车停稳。由此一来,火车虽然能刹住,但是火车的刹车反应太迟钝了。

威斯·汀豪斯带着这个问题,思索了很长时间,他想:"火车是用蒸汽推动的,为什么不能用蒸汽来制动呢?"

于是他很快就设计出了一张设计图,用管道和锅炉将各个车厢严密地连接了起来,然后用蒸汽推动汽缸活塞压紧闸瓦,达到紧急制动的目的。但是,由于高压蒸汽在通过管道时已经冷却,没有压力去压紧闸瓦,这个设想宣告失败。

就这样,威斯·汀豪斯怀揣着梦想,进行第二个实验。

这回他极其关注相关的新闻和动力学资料。一次非常偶然的机会,他看到了法国人在开凿隧道时,使用压缩空气驱动大型凿岩机的报道。他欣喜若狂,马上停下手里的工作,进行构思和实验。因为他想:"既然压缩空气可以驱动凿岩机,挖掘坚硬的岩石,那么它也能够驱动火车制动闸。"

于是他又一次投入到改良火车刹车的实验中去了。他在火车上增加了一台空气压缩机,然后经过管道连接到各个车厢的汽缸里。在司机需要刹车时,只要打开阀门,压缩空气就会推动各个汽缸活塞,将闸瓦压紧,火车再想往前跑,也不行了。

就这样,威斯·汀豪斯成功研制出了改良火车刹车的工具。现在,我们使用的许多交通工具,都一直沿用着威斯·汀豪斯改良后的刹车——包括汽车和火车。

美丽的写字侧影

电脑打字，对每一个现代人来说是一件非常普通的事。人们上网、制作文档……都要用到电脑打字。那么打字用的电脑键盘是怎么来的呢？有人也许猜到了，对，就是打字机。

早在100多年前，美国有个名叫 G. L. 肖尔斯的青年，他在一家普通的机械厂工作。一天晚上，由于白天工作太累，肖尔斯早早就睡觉了。等他睡觉醒来的时候，看见妻子还在灯光下埋头工作，看后十分心疼，心想："我的妻子工作这样辛苦，怎么才能让妻子轻松地工作呢？我能不能发明一种写字机，不让她那么辛苦呢？"肖尔斯一边想着一边抬起头看妻子憔悴的背影，就在抬起头的一瞬间，他看到了墙壁上映着妻子弯着背写字的侧影，他马上有了灵感："灯光下妻子美丽的影子，也许可以设计一台打字的机器，如果把妻子的头当作写字键，弯曲的背当作字臂，岂不是最理想的设计？"

肖尔斯想着想着，好像入了魔一样，立即翻身下床。这突如其来的举动，把正在专心致志工作的妻子吓了一大跳。她瞪大了双眼，从椅子上站了起来凝视着自己的丈夫，关切地问道："亲爱的，你是不是哪里不舒服了？"

看着担心自己的妻子，肖尔斯强压着内心的兴奋，让自己镇静下来。一把抱住心爱的妻子，非常欣慰地对她说："亲爱的宝贝，有了打字机，你就再也不用这么辛苦了，真是谢天谢地，是你给了我灵感。"

妻子听着肖尔斯的解释，深深地感到丈夫给予她的浓浓爱意，她幸福地笑了。

为了实现对妻子的承诺，减轻她的工作负担，肖尔斯经过4年的刻苦实验和不断地改进，终于在1867年发明出了世界上第一台打字机。这位年轻人，用自己的行动和科技的力量，表达了对妻子最深切的关爱。

这不仅是一次伟大的发明，更是一个感人至深的故事。

思维小故事

一条龙舌兰做的绳子

威勒是一位著名的植物学家,他率领一支考察队为了寻找珍贵的野生植物,来到荒无人烟的原始森林。考察队里有个年轻人,是刚刚毕业的大学生,名字叫罗纳,这是他第一次参加考察活动。

参天的大树把阳光遮住了,使得森林里显得非常阴暗和闷热。考察队员小心翼翼地行走着,走在队伍最前面的是科学家伍德,他正挥舞着柴刀,砍掉碗口粗的野藤,为后面的队员开路。忽然,罗纳惊叫起来:"蛇!一条大蛇!"只见一条大蟒蛇,横躺在队伍的前方,伍德说:"它已经吃饱了,正在睡觉呢,咱们绕道走吧。"大家绕开巨蟒,快步向森林深处前进。由于紧张,罗纳"嗵"的一声摔倒了,绊倒他的是一丛植物,他的手被刺得很疼。伍德赶紧把他扶起来,指着这些植物说:"这是龙舌兰,遇到水就会猛烈收缩,当地人喜欢用它做绳子。绑东西很有用呢!"

中午11：00,大家坐下来休息并吃午饭;11：30,威勒队长和伍德去前面查看地形。

12：00,威勒队长回来了。正在此时,天上下起了雨。威勒说:"山洪就要来了,我们赶快回营地吧!"这时,大家发现伍德不见了。

威勒队长说:"罗纳,你快去找找,伍德怎么还不回来?"罗纳跑到前面,发现伍德被人绑在一棵大树上,脖子上还勒着一道绳子,已经断气了。考察队里的医生立刻对他进行检查,医生查明伍德是在12：00死的,便问威勒:"12：00的时候,你在哪里?"威勒说:"我和你们在一起呀。"医生仔细看了捆绑伍德的绳子,对威勒说:"你为什么要杀死伍德?"

威勒当时确实是和大家在一起的,他怎么会有作案时间呢?

　　威勒听气象台预报,知道中午有雨,就在勘察地形的时候趁伍德不注意用龙舌兰做的绳子将其捆绑,并于12∶00以前与大家汇合。当雨开始下时,绳子沾到雨水后猛烈收缩,勒死了伍德。

挑战你的想象力

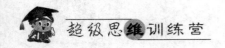

磨眼镜磨出的显微镜

在所有的实验室里都配备显微镜，它是一种非常重要的观察工具。它的发明，为人类在观察、分析生物，进行研究等方面起了重大作用。

提到显微镜的发明，人们一定会想到一个人，他就是列文虎克。列文虎克是荷兰人，他的父亲在他很小的时候就去世了，由于缺少父爱，他便养成了极其内向的性格。他看上去有一点愚钝甚至是木讷，缺少灵气。别人都说："这么蠢的男孩还读什么书呀？"于是列文虎克信心全无，辍学在家。

后来他托人找了一份工作——到阿姆斯特丹的一家布店里当学徒，几年后，由于生活所迫，列文虎克结束了学徒生活返回到家乡。又找了一份到市政府当看门人的工作。这份工作时间宽裕，接触的各类人多，使列文虎克能听到不少新奇的消息。

当时的荷兰人已经很善于制造透镜。有一位眼镜制造商在一个偶然的机会将两片凸透镜前后设置，造出了类似显微镜的放大仪器。这种显微镜结构简单，放大倍数也只有30倍，仅可以观察一些小昆虫，所以人们只是把它当作玩具，并没有意识到它的科学价值。

听说放大仪奇特的功能后，好奇心强烈的列文虎克决定买一台来观察东西。他凑了一些钱，来到眼镜店一问，才知道它的价格高得惊人，不是自己能支付的。于是他生出了自己磨制镜子的想法。

在业余时间里，列文虎克到眼镜店学到的"玻璃研磨技术"，大胆地尝试并磨制出了一块直径只有3毫米的小凸透镜，并且邀请铁匠师傅帮忙，精心打造了一副金属支架，使其使用起来更方便。

过了一段时间后，他又在原来的凸透镜上加上了一个透镜，中间用一个旋钮来调节两个镜片的距离。同时，在透镜上加了一个铜板，这样很好地解决了显微镜观察中光线不足的问题。这就这样，世界上第一台新型显微镜诞生了。

列文虎克发明的显微镜能把物体放大300倍,这个效果使那个时代的人非常震惊,代表了当时科学观察领域的最高境界,并为将来新一代显微镜的发明奠定了重要的基础。

最早的玻璃镜子

在很久很久以前,我国就发明了铜镜。但是我们现在使用的玻璃镜子是怎么发明呢? 这里还有一个有趣的故事。

在400多年以前,远在欧洲的水城威尼斯,住着一个打制银餐具的工匠哥哥,和一个名叫巴门的玻璃匠弟弟。他们有着精湛的技艺,是两位十分优秀的工匠。

巴门的女儿长得十分美貌,她总是喜欢蹲在河边,对着自己在水面上的倒影梳妆打扮。看着平静的水面上映出自己那美丽的容貌,巴门的女儿就非常开心。可是有一天,巴门看见自己的女儿闷闷不乐,就问她为什么。女儿告诉他:因为水面微波荡漾,让她看不清自己的影子,没能梳理好容妆。

巴门想:"我为什么不制造出一种镜子,让我心爱的女儿清楚地看见自己的真实相貌呢?"

就这样巴门开始着手实施这个计划。他最先想到用玻璃作为制造这面镜子的材料。

如何使透光的玻璃反射出物体的形态成了巴门要解决的难题。巴门试验了许多次,都以失败告终了。

终于有一天,幸运之神眷顾了巴门。这天,巴门的哥哥拿着一块银板来到他家中,兄弟俩边坐边聊天,巴门顺手将一块玻璃放在哥哥拿来的银板上。这时巴门的女儿正好回家,她低头看了看放在银板上的玻璃,居然看见自己的面孔,她吓了一跳。马上告诉父亲:"爸爸,你看——"巴门兄弟俩伸头一看,玻璃中照映出了自己清晰的脸。

巴门被这个意外的现象惊呆了,然后他大叫一声:"我知道怎么做镜子

挑战你的想象力

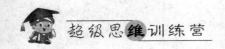
啦!"巴门让哥哥把银板压得薄薄的,变成银箔,然后贴在玻璃的后面。他照着这个想法做成了世界上第一面镜子。

在镜子制造成功后,消息不胫而走,就连威尼斯的国王也知道了这件事情,召他进宫为王室制作几面镜子。威尼斯国王把镜子赠送给法国的波丽王后,她收到后非常满意。

法国人最后得知了制作镜子的技术诀窍,并且把这项技术公布于世,使镜子走向了世界各地。

思维小故事

重要证据

格林是个懒惰至极的家伙,他曾做过送奶工,可是他嫌起床太早,不能睡懒觉,就辞职不干了。后来又去开出租车,他向朋友波特借钱,买了一辆汽车,才干了不到两个月,就因为酒后驾驶撞上了电线杆,车毁人伤,住进了医院。经过医生抢救,总算捡回了一条命。

格林出医院以后,波特来向他要债,可是格林丢了工作,还欠了医院一大笔医药费,哪里有钱还债呢?波特就警告说:"给你3天时间还钱,要是再不还,我就烧你的房子!"

3天过去了,中午的时候,波特接到格林的电话,让他马上到他家取钱。波特可高兴了,在电话里说:"你这个家伙,敬酒不吃吃罚酒。软的欺硬的怕!"吃过午饭,波特一脸得意地嚼着口香糖,来到了格林家。他按了按门铃,里面传出格林的声音:"是谁呀?"波特立刻吐掉了口香糖,说:"是我,波特!"

格林马上开了门,热情地倒了一杯啤酒说:"快喝一杯解解热。"趁着波特喝酒的工夫,格林举起啤酒瓶,狠狠地砸向波特的头,波特当即就断了气。等到晚上,格林趁着天黑,把尸体扔进了附近的河里。

第二天，汉斯警长来到格林家，说："我们在河里发现了波特的尸体，并且有充分的证据，证明波特在死之前来过你家。"格林说："怎么可能，我已经很久没有见过他了！"汉斯哈哈大笑说："就凭你这句话，就说明你在撒谎！"

波特到底留下了什么证据，证明他曾经来过格林家呢？

参考答案

波特进门前吐在格林家门口的口香糖，上面有波特的齿型和唾液，经过分析可以知道，是不久前才吃过的。

汉字激光照排机带来的辉煌

众所周知,印刷术是中国古代四大发明之一。但是到了20世纪30年代,西方国家工业革命兴起,印刷术在那里得以飞速发展。结合电子、光学等领域的辉煌成就,欧洲人把印刷术发挥到了极致,在世界印刷史上占据了极高的地位。

在20世纪80年代初,印刷术的辉煌又回到了我国。我国科学家王选成功地研制出了汉字激光照排机,这使中国人在计算机时代走向了辉煌。

王选出生在一个知识分子家庭,他自幼聪颖好学。17岁时以优异的成绩考入了北京大学。虽然他报考的是数学系,可是却对电子计算机感兴趣。毕业后,以优异的成绩留校,当了一名无线电教师。

渐渐地,他爱上了电子计算机这门学科。在诸多的教学实践和科研中,他产生了这样一个想法:"普通人要想快速使用电子计算机,就必须先解决汉字输入这一难题。"

于是他对汉字输入技术展开了研究。除了完成教学任务以外,几乎所有的时间都趴在桌子旁研究汉字,从每一个字的偏旁部首,分析出它的字根。然后画图、统计,希望能用几十个键,把成千上万的汉字输入到电子计算机中。

"王选呀,把汉字输入到计算机中,不是那么容易的事!你来比较一下:英语只有26个字母,而汉字有6万多,就算是常用字也要3 000多个,这样庞大的规模能存进计算机里吗?"一位关心他的朋友笑着说,"别自讨苦吃啦。"

"要是没有人解决这个难题,我们的汉字就永远与计算机无缘了!不会英语的中国人就不会使用计算机,就跟不上时代啊!"他反驳道。他下定决心:"我一定要研究出来。"

这时候，国家关于汉字照排系统的"748 工程"深深地吸引了王选，"一旦这种照排机研制成功，我国将迅速进入信息时代。"王选的心里暗暗想着。

可是国外的照排机已经到了第四代，而我国的才刚刚起步。在这个问题上，其他参与研究的人多数主张用第二代，而王选却说："要研究就研究国外正在开发的第四代照排机，这样，我们就一下子跨越了外国人走了 30 年的路。"领导和大部分专家都否定了王选的看法，说他是自不量力，好高骛远。

王选觉得在这个圈子里面自己没有选择的权利，于是决定自己单干。他对自己充满了信心并埋头苦干，仔细研究。

终于功夫不负有心人，过了许多年以后，他相继攻下了汉字信息的压缩技术、高速还原和文字变倍技术。正当王选为自己离成功只有一步之遥而感到欣慰的时候，英国蒙纳公司宣布，他们要占领中国汉字激光照排系统市场。

"天哪，我们中国人要用外国人的汉字照排机？"王选不敢相信这会成为真的。中国的文字自古以来都是世界瑰宝，是中国人引以为傲的遗产！到了我们这一代，中国的汉字居然要让外国人来改良，这让我们多愧对祖先啊！于是，王选加快了开发的进程，夜以继日地进行着研究。

终于在 1979 年 7 月 27 日，第一台用电子计算机"指挥"的汉字激光照排机问世。英国公司知道这个消息后，惊讶得目瞪口呆！纷纷赞扬中国是一个人才辈出的国家。

电子计算机控制的汉字激光照排机，使中国的文字技术迎来了春天的暖风，更为将来中国电脑的普及和使用，做好了有力的铺垫。

回形针的发明

小朋友们，你们都用过回形针吧？那么你们知道回形针的发明历史吗？下面，我们就来聊一聊回形针。

在很久以前，人们处理文件的时候，都是采用大头针将几页纸固定在一起。但令人遗憾的是,这样做不仅会损害到纸张,而且也容易丢失或掉落纸张,甚至有时候还会戳破工作人员的手指。总之,这是一个让人们非常头疼的问题。

挪威的著名科学家约翰·瓦勒也经常受到大头针带来的烦恼。他想:"如果说我被戳破手指的话,那流一点血算不了什么,但是如果我的文件因为大头针的掉落而散失的话,那损失可就大了。"

在约翰·瓦勒苦思冥想的时候,他的右手在纸上来回地画着圈圈用来解闷,或者说是一种简单的发泄,一圈两圈……

突然约翰·瓦勒闪过一个念头:"我可以把铁丝也弯成两圈,然后利用大圈与小圈中间的地方来固定纸张。"

于是他马上开始实施自己的想法,先画出来一张完整的设计图,然后按照图把一根 10 厘米左右的铁丝弯折一下,然后再弯折一下,最后再弯折一下。一共弯折了 3 次。就这样,回形针诞生了。

因为约翰·瓦勒创造的这个东西形状很像中国的"回"字,于是在中国,我们就给他取名为"回形针"。

思维小故事

喜欢吃纸的羊

小贝蒂的爸爸是一个警察,因为她很崇拜爸爸,于是小贝蒂从小的理想就是长大以后,要像爸爸那样,当一名勇敢的警察,开着警车,带着手枪,去破案抓坏蛋,多神气啊。

小贝蒂家就住在农场的旁边,农场里养了很多羊。有一次,小贝蒂折了一架纸飞机,在草地上玩儿,而草地上,正有一大群羊在吃草。纸飞机一不小心飞到了羊群里，就再也找不到了。小贝蒂急哭了，农场的工作人员告诉她，纸飞机一定是被羊吃掉了。听说羊爱吃纸，小贝蒂觉得很好玩，咯咯笑了起来。

这一天，农场里发生了一起命案，农场主卡罗被人在头部击中一枪，命丧黄泉。小贝蒂的爸爸接到报案，亲自来到现场。他在距离卡罗10米远的羊圈里，发现了一把手枪，据判断应该是凶手逃跑的时候匆忙中掉落的。可他听说，卡罗的农场亏损得很厉害，而卡罗最近在保险公司投了巨额保险，如果出现意外死亡，保险公司要赔很大一笔钱，可是，如果他是自杀的话，保险公司就不赔偿了。

小贝蒂的爸爸想，卡罗是不是想要诈保才开枪自杀的呢？可是手枪距离卡罗有10米远，他在中弹后不可能把枪扔那么远。那么，他应该是被人杀

害的！可是现场又找不到任何凶手的脚印,他想了很久,都无法做出合理的解释。

突然,聪明的小贝蒂说了一句话,将谜底揭开了。经过搜寻,在羊圈里查到了确凿的证据,证明卡罗是自杀的。

小贝蒂说了一句什么话,揭开了卡罗自杀之谜呢?

小贝蒂说:"羊喜欢吃纸呀!"原来,卡罗在手枪的扳机处绑上纸条,将纸条的另一端放在羊圈里,然后开枪自杀,羊看到纸条后便一口一口将其吃掉,便将手枪拖到羊圈里了。

一种新电池的诞生

在 19 世纪末,世界上还没有出现我们现在使用的安全电池。电的来源只有两种途径,一是供电机发电,二是蓄电池发电。蓄电池使用、携带比较方便,可是供电的时间太短了,它是靠硫酸和铅发生化学反应产生电的。因为铅不耐用,所以没多久,铅就耗完了,那么这个蓄电池也就失去了供电的作用。

但是当时,电灯、电话、电报和电唱机等相继走进了人们的生活,给消费者带来了许多便利和乐趣。于是"电能不足"的问题就更加突出了。

解决用电危机,成为当时科研工作的重大课题,这引起了大发明家爱迪生的关注。他决定同手下的科研人员一起,来攻克"制造新型蓄电池"的课题。

有一天,爱迪生在家里吃午餐,突然他举着刀叉不动了,表情凝重地低头思索,爱迪生夫人见了他的这副神情,知道他又在想有关制造新型蓄电池的事情，于是她便笑着说："实验的关键是，找到蓄电池短命的原因。"

"对，没错，毛病出在内脏，要治好它的病根，就得给它开个刀，换器官。"爱迪生幽默地回答道。

讲到这儿，爱迪生的脑子里，突然闪过一个灵感，他想道："先找到一种新物质代替硫酸，再用另外一种物质替换铅。"

于是爱迪生照着自己的想法进行了实验。选一种碱性溶液来代替硫酸，然后再找一种金属物质来代替铅。可是世界上有各种各样的碱性溶液，用哪一种呢？金属也是多种多样，到底选择哪一种更合适呢？

爱迪生和他的助手们反反复复地试验，每一分钟都沉浸在无限的希望和无止的失望之中。他们继续做着实验，一天一天，一年一年，一晃3年过去了，他们试用了几千种材料，做了4万多次实验，但是令人遗憾的是没有找到适合的溶液和金属——这意味着他们仍然没有成功。

这时候，社会上传出了各种各样的谣言和嘲讽。甚至有一个自以为是的记者，居然在大庭广众之下，问了一个让爱迪生难堪的问题。

"尊敬的发明家，听说您花费了3年的时间，做了4万多次实验，请问有什么收获吗？"

"收获嘛，比较大，我们已经知道有好几千种材料不能用来做蓄电池了。"

顿时，爱迪生的巧妙回答赢得了在场所有人的钦佩和热烈的掌声，那个想看笑话的记者也不禁佩服得鼓起掌来。

虽然，经历了许多次的失败，爱迪生仍然坚持不懈地继续着自己的理想。最后终于在1904年找到了用氢氧化钠（烧碱）来代替硫酸，用镍、铁来代替铅的方法。从此世界上第一块镍铁碱电池诞生了。与传统蓄电池相比，这种新型电池的使用寿命已经非常的长了。

然而当时爱迪生并没有立即向世人宣布这一成果，而是昼夜不停地改良，他希望做到十分精确、毫无差错。直到1909年，他才最终确定了性能更加优秀的电池——镍铁碱电池，这才对外公布了自己的研究成果。这种新电池的发明，引起了一场电器革命运动。

新型电池的诞生，为当时社会的进步和人们生活质量的提高起到了重要作用。

搭错了导线的启示

1887 年，赫兹发现了电磁波。这个消息在当时，像一颗炸弹一样产生了巨大的影响。当时，就有一个名叫波波夫的俄国男人，在赫兹的电磁波影响下，发明了无线电天线，为后来无线电的使用和普及推广，起到了至关重要的作用。

19 世纪 80 年代，这个俄国男人——波波夫，是个"电"迷，他的理想是要研制出能够被推广普及的、廉价的、高质量的、长寿命的电灯泡，希望电灯照亮整个俄国。但是当波波夫听到赫兹发现了电磁波的事情后，他改变了自己的志向。

他是这么想的："假如我用毕生的心血去安装电灯，对于广阔的俄国来说，只不过是照亮了很小的一部分地区，要是我能控制电磁波，那就能飞越全世界啦！"

波波夫给朋友们致信，表达了自己的宏伟计划。此后，这位并不年轻的俄国人，开始专心致志地进行电磁波的实验了。

1894 年，波波夫在吸取法国的布兰利、美国的李奇等同行们经验的基础上，研制出了一台无线电接收机。可喜的是，这台接收机的灵敏度和接收效果比李奇等人设计的还要好。为了改良当时现有的无线电接收机，波波夫又对它进行了许多改良实验。终于有一天，他成功了。

一天，波波夫在调试接收机，用电铃检测电波的距离时，他发现电波信号比往常增强了许多。"咦，这是怎么回事？"他认真地检查起来。

不多久，波波夫就找到了原因，一根导线搭错了地方，搭在了金属检波器上。他立即走过去，把那根导线拿开，这时出人意料的事情发生了，丁零作响的电铃不响了。这是怎么一回事呢？他十分惊奇，想道："莫非这根导线还能发挥特殊作用？我是不是应该对这个现象进行一下研究？说不定能用这种方法制造出更为高性能、接受性更高的无线电呢?"

当他把导线重新接在金属检波器上时,电铃又响了。他想:"没错,这电铃一定与导线有关。"波波夫异常兴奋,连忙把导线接到金属检波器上,然后反复试验。他发现,当把导线接到金属检波器上的时候,电磁波的信号更强,传得更远。于是,波波夫把这根导线安在了他的接收机上。就这样,世界上产生了第一根无线电天线。

不久,波波夫用电报机代替电铃作为接收的终端,让第一台无线电发报机诞生了,而无线电天线在接收信号的过程中发挥了不可低估的作用。

随后,意大利科学家马可尼进行了许多新的无线电通信实验,对无线电天线进行了更大的改良和修整。

1901 年 12 月 12 日,马可尼用大风筝把天线架到了 121 米的高空,使横跨海洋收发报的距离达到了 3 000 千米以上,让人类对无线电的开发和应用有了更新的进展。

思维小故事

数字陷阱

某君因病住院,他的 3 个好朋友一起去医院探病。大家都忘记了提前买东西慰问病人,于是决定各出 10 元钱,请医院的护士帮忙买些芒果。

这位护士很会砍价,她只花掉 25 元就买了一大兜的芒果。回到医院后,她想:既然少花的 5 元钱是她的功劳,而且 5 元又无法平分给 3 个人,于是觉得自己留下 2 元,拿出 3 元退还给他们。大家各拿回 1 元钱都很高兴,谁也没问到底花了多少钱。

去探病的人每人退回 1 元,所以实际上每人用去 9 元,合计 27 元,而护

士只扣下 2 元,加起来一共是 29 元,可原本应该有 30 元的,还有 1 元跑到哪里去了呢?

参考答案

这是数字陷阱,如果你完全按照文中的思路去考虑,就会落入圈套,你会越来越糊涂。

实际上,芒果是 25 元,剩 5 元,护士拿去 2 元,探病者各拿 1 元,加起来一共 30 元。

我们还可以这样解释:3 个人共出 27 元,芒果 25 元,剩下的 2 元在护士那里。

"吞宝剑"的启发

小朋友们,你们有没有在电视里看到中国古代耍把式的街头艺人们"吞宝剑"的特异功能? 现在,我们就来讲讲由"吞宝剑"产生的一个发明的故事。

在古代的法国也有"吞宝剑"的表演。1768 年的一天,法国著名的医生库斯莫尔及其家人一起观看了一场"吞宝剑"的表演节目。

那个时候,库斯莫尔刚刚从实验室里出来,正在全神贯注地思考如何用仪器来对人体的胃进行观察的问题。因为在当时许多热衷于工作的人,都得了胃病,他们饱受病痛的折磨。这让医生库斯莫尔狠下决心,一定要制造出一台高质量的仪器,帮助医生诊断胃病患者的病情。

医生库斯莫尔在"吞宝剑"演员的前后转了几圈,又仔细观察了一番。看到艺人把宝剑整个地从喉咙里"吞"了进去,当他知道了这把宝剑可以伸缩之后,就没有什么好奇了。

这时他闪过一个念头:"如果用一根金属管,像吞宝剑一样,经过食管插入病人的胃里,再加上一定的光源。那么胃里的情况不就非常清楚了吗?"

看完表演后,他回到家中。按照自己先前的想法,动手制作了一台胃镜。

后来,经过多次实验和反复的研究,库斯莫尔终于制造出世界上第一台食管硬式胃镜。后人在他研究出的食管硬式胃镜上进行了改进,便制造出了现在医院里经常使用到的纤维胃镜和彩色成像系统。

挑战你的想象力

缝纫机里的学问

我们身上穿的衣服都是由缝纫机缝制的,现在的自动缝纫机缝制布料速度非常快,大大提高了生产效率,提高了广大消费者的生活水平。

那么现在,我们就来聊一聊缝纫机的故事。

从前,有个叫哈威的美国人,他是一家纺织机械厂里的工人。因为他家里经济非常拮据,所以他不得不在外奋力赚钱。

哈维的妻子很节俭,但是就算她持家有道,也不能"画饼充饥"。每天除了纺纱、织布外,还要洗衣服、做饭、照顾孩子,尤其是那些成天成夜补不完的衣服,更是叫人发愁。哈威很体贴妻子,他心里想:"要是有一台像手一样能缝衣服的机器,该多好啊!"

于是他每天抽空陪在妻子身边,仔细观察她的缝纫动作,仔细翻阅各种书籍。然后用纸写下应该注意的事情和设想。

半年过去了,资料写了一大堆,但是没有任何进展。

后来哈威觉得烦闷,就到厂里走走。在那里,他仔细观察织布工手里织布的梭子,发现梭子在纵横交错的线中穿来穿去。

忽然他灵机一动,心想:"如果针孔不是开在针柄上,而是开在针尖上。这样,即使针不全部穿过布,也能使线穿过布,并且在布的背面出现一个线环,然后再用一个带引线的梭子穿过线环,自动缝纫衣服的效果不就出来了吗?"

回到家以后,哈威按照自己的构思制作出了缝纫机,大大提高了缝衣服的效率,提高了人们的生活水平。

思维小故事

他是合唱队员吗

　　F 警长正在破获一起盗窃案件,此时他正追赶一名老牌盗贼,这个盗贼虽然老得已经快没有牙齿了,但却非常能跑,警长刚追到音乐厅门口,人就突然不见了。F 警长认为他可能是跑进了音乐厅。

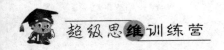

F警长也追到音乐厅里,看到台上有一个专业合唱队正在演唱,台下的观众不太多。警长四处张望,没有发现那个盗贼的踪影,正当他准备离开的时候,他的眼睛不经意地向台上正在演唱的合唱队扫了一眼,怎么就觉得什么地方不太对劲,虽然合唱队员穿着一样的衣服,可是有一个人却很惹眼,他仔细一看,原来正是那个老牌盗贼。

你知道是什么引起了F警长的注意吗?

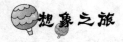想象之旅

那个老牌盗贼缺好多牙齿,而唱歌时一定会露出牙齿,这样盗贼在合唱队员中就显得非常惹眼。

高压锅的由来

小朋友们,你们见过高压锅吗?是不是觉得它又省煤气,煮出的饭又糯糯、香香的,非常的好吃?

高压锅是一位法国医生帕平发明的,同时他也是一位物理学家和机械工程师。

帕平小的时候,经常在阿尔卑斯山上煮土豆吃,可是令人费解的是,无论他怎么煮,土豆都不熟,这成了小帕平的一个心结。

帕平长大后,到伦敦求学,一次他向教授请教了这个问题。教授回答说:"地势高的地方,气压就低。当然,水的沸点也不会是平地上的100°C。如果用普通的锅烧水,可能烧到80°C水就开了,这样土豆就煮不熟了。也就是说,如果要在高山上煮东西吃,就必须提高锅内的气压。"

帕平心想:"怎么才能将锅内的压力迅速提高呢?"他想到了做一个新式的锅,分成两个部分,在锅的上面加一个非常厚实的锅盖,让锅盖和锅子咬合得极其严实。这样加热的时候,气体就跑不出来了,那么气压就会随之升

高,水就会很快沸腾了。

帕平带着他的新锅和土豆,再一次爬上了阿尔卑斯山。这一次,他成功了,仅仅烧了 10 分钟,就把土豆煮熟了。

这时他非常兴奋,想:如果把这口高压锅放在平地上用,一定能煮熟那些又老又硬的食物。

事后,过去了将近 300 年,法国工程师奥蒂埃在这种高压锅上安装了一个安全阀,于是才制作成了我们现在所使用的安全高压锅,走进了寻常百姓家。

月光对无线电通信的启示

19 世纪末的意大利,有位叫古列尔莫·马可尼的发明家。他从小立志要进行无线电通信,最后终于完成了这个夙愿。关于无线电的发明,这里有一个小故事。

在一个炎热的午夜,马可尼独自待在家中,安静地躺在床上,他的两眼一直望着天花板,辗转反侧不能入眠。他白天做过的实验,不时地在脑海里浮现……

那天白天,他在花园的两个墙角各竖起一根天线。所谓的天线,是用一根吊着的金属板做成的。其中一根还连着一个感应线圈作为发报机,这个简单的装置,居然能够接收到百米以外的无线电信号。

"为什么不能收到更远的地方传来的信号呢?"他索性站了起来望着窗外,看见一片银色的月光透过槐树,投下一片斑驳的影子。

"电波和月光同样是波,为什么月光能够从高高的天空中射下来,而电波信号就不能传得更远呢?"

"将天线弄得再高一些,也许就能增加电波的传播距离了。"他想着,于是立即动手做了起来。随着天线的升高,通信距离也很快增加了。他的心

挑战你的想象力

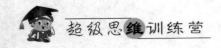

情越来越高兴，兴奋地观望着这个小小的试验装置。

为了这个效果，马可尼不知道反复试验了多少次、失眠了多少回，终于得到了对他来说非常满意的结果。

当初为了进一步研究加大电磁波的发射能力，他写信给邮电部部长，请求给予支持。对方竟然说他是个大骗子，这个结果令他大失所望。

他只好离开意大利，带着无线电发报机来到了对科学技术极为重视的英国。向英国政府请求给予支持，政府批准了他的发明专利，并为他提供了良好的实验环境。

经过一段时间的研究，马可尼又架设了一根50米高的天线，这使无线电波成功地跨越了宽达450千米的英吉利海峡，他成功了！

但是他却不满足，"把信号送过大西洋，是我唯一的愿望！"接着，他又开始了他的新梦想，可是支持他新设想的人并不多。甚至，还有一些旁观者嘲笑马可尼好高骛远，不自量力，甚至有人咒骂他是神经病。但是他都不予理会。"即使远在天涯海角，不用电线也照样能互通信息，这个愿望一定能实现。"马可尼执拗地坚持着自己的观点。

1901年底，马可尼来到了大西洋彼岸的加拿大，与留在英国的助手做起了无线电波横跨大西洋的实验。准备就绪后，英国助手发出了事先商定好的一组无线电信号，那信号终于越过了大西洋，马可尼激动地喊："我成功了！我成功了！"

这个消息一传出，很快就引起了全世界人们的紧密关注。马可尼的创造使人们改变了过去对他的错误看法，人们开始了对他的尊敬和佩服。

1909年，35岁的马可尼获得了诺贝尔物理学奖。从此人类走向了崭新的无线通信时代。

思维小故事

轿车失踪

维克是一个汽车发烧友。这一天,他驾着自己那辆豪华轿车,到一家咖啡店去约会。因为咖啡店附近没有停车场,维克只好把车停在咖啡店外的空地上。

他在咖啡店里和人正聊着事情,心里总觉得怪怪的,心想还是把车放在

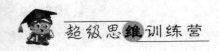

停车场安全些,于是向对方表示歉意,并请对方稍等片刻,快步赶出门去,可是咖啡店门口空空如也了。

维克知道车被人偷了,立刻向警方报案。但是他始终不明白,咖啡店门外人来人往,非常热闹,而且这辆车的车门加了特殊的防盗锁,一般人是无法打开的。

那么,偷车贼是用什么方法在光天化日之下将汽车偷走的呢?大家一起来帮帮他吧。

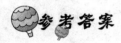参考答案

偷车贼只要在汽车上贴上"违规停车"的牌子,就可用别的车辆将这辆车当众拖走,而且不会引起周围行人的注意。

昂贵的黄泥巴

我国春秋时期,有个叫范蠡的官员,他厌恶官场的尔虞我诈,便退隐在江苏宜兴的一个小村庄里面,过着隐居生活。

一天清晨,范蠡照旧拿着农具去田间干活,那时太阳还没有升起。为了增加耕地面积,他就来到村外的黄龙山上,在那里开荒种地。突然他发现黄龙山上的土质与其他地方不一样,它们又细又黏。

他以前做官,有非常渊博的知识。他一边挖地,一边想:"这么细致黏稠的土壤,应该有它的特殊用途。"

挖着挖着,他突然闪过一个念头:"要是能用这些泥土捏成各式各样的泥坯再用火一烧,不就能变成有用的东西了吗?"于是范蠡说干就干,他用口袋装了满满一袋的泥土,在自己家做实验,结果真的制造出来了各式各样的精美器具,盆子、盘子和碟子,等等。

范蠡非常兴奋地将村民们召集在一起,手捧着黄土,对大家说:"我们就

要有好日子过了。"

村民们听了都面面相觑,纷纷嘲笑他说:"像这种黄泥巴,我们黄龙山漫山遍野都是,难道用这黄泥巴去当饭吃?"

范蠡拿出他制作的陶器,得意地说:"黄泥巴不能吃。但是用它做出来的东西,不就能换饭吃了吗?你们看,要是用这些泥土捏成各式各样的泥坯,再用火一烧,不就能变成有用的东西了吗?"

听了范蠡的话,村民们个个都拍手叫好,讨论了好半天。他们用黄泥制作成各式各样的盆、缸、罐、碗、杯,等等,并在黄龙山下建造了一座火窑,然后把这些土坯放在窑里烧。烧好以后再慢慢冷却,然后一件件美观耐用的陶器便做成功了。

这就是中国沿用至今的陶器。由于陶器的美观耐用,许多国家的人民也喜欢使用中国发明的这种瑰宝——陶器。

激光应用的故事

激光是 20 世纪的高科技产物,作为人类最伟大的发明之一,它被广泛应用于激光焊接、杀死皮肤癌细胞、制导武器等高科技领域。

能够让激光走出实验室、被人类广泛应用并以此造福人类的是美国人高尔登·古德。

古德于 1920 年 7 月 17 日出生于美国纽约市,在他上大学读物理专业时,热衷于激光研究的实验。第二次世界大战爆发的时候,他参加了著名的"曼哈顿计划",即原子弹研究工程。他对原子的能量有了新的认识,同时对原子弹爆炸产生的耀眼的光念念不忘。他想:"如果人类能够对激光进行充分利用,该多好啊!这样就可以造福人类,而不是白白浪费掉了。"

后来战争结束了,古德恢复了学习状态,他不仅在哥伦比亚大学继续攻读博士学位,同时在纽约市政学院授课。与此同时,他注意收集与激光有关的资料和观察科研现状。

挑战你的想象力

1957 年 11 月 9 日星期六,37 岁的古德看书直到深夜,后来刚入睡,又被一场噩梦惊醒。"啪",他拉亮了电灯,突然间一个灵感在心里产生了,他想:"电灯发出的光为什么是白色的,要是换成别的颜色还会这样刺眼吗?"他的脑海中冒出了一个奇怪的念头:"如果把光变成光束,就可以用来切割任何物体,还可以用来加热、测量距离,甚至用它当切割刀来使用,用这种人类肉眼看不见的刀,成功地为病人做各种手术,等等。"

古德为自己的奇怪想法而感到震惊,这是多么伟大的工程啊!有了激光,人类就像有了一把探索世界、改变世界的金钥匙。古德暗下决心,一定要把这个激光的作用推广到全世界,给全世界的人民造福。

然后他以之前的想法为题,申请了专利,在美国进行了注册。

可是,令古德伤心的是在以后的 30 年间,他每次向美国政府提出的申请都受到了阻挠,他们认为古德的专利太虚幻了,不是一项实质性的发明。所以古德的专利申请每次都受到了美国专利局的驳回。在他提交专利的 30 年间,受尽了别人的驳斥和白眼。一直到 1989 年,他的关于激光应用的推广才获得了专利,在美国注册成功。

现在,各种各样的激光产品得到了广泛的应用。使用范围除了焊接、杀死皮肤癌细胞、制导武器的领域之外,还应用到了其他的重要领域,为现代人的工作、学习和生活带来了许多便利。

思维小故事

牡蛎黄的证明

谷村武治是日本一所著名大学的生物教授,住在浅田公寓 B 座 22 层。

谷村与他的妻子离婚已经好几年了,唯一的女儿跟着妻子生活。所以,他一直是独居。这天,学校里发现谷村已经有两天没有到校上班了,而且也没有请假。同事吉川便给他的家里打电话，但始终没人接。吉川心里总觉得不对劲，一下班就急急忙忙来到谷村家，想看看谷村到底怎么了。

吉川到了谷村家门口正想敲门，突然发现门并未关严。他推门进去一看，不禁惊呆在那里：谷村仰脸躺倒在客厅的地板上，身上有两处刀伤，地上一大堆血迹已经干涸了……吉川立刻打电话报了警。

警长矢村带着助手高桥来到现场之后，没有发现什么有价值的线索。但是谷村手里紧紧攥着的两个油炸牡蛎黄，却引起了年轻的警长矢村的注意。矢村暗暗地琢磨：一个临死的人，为什么要紧紧抓住牡蛎黄？他是想告诉我们什么呢？

经过多天的走访调查，矢村带着助手高桥最终确认了两个嫌疑人：一个是死者的前妻，一家妇女杂志社的编辑久梅子；另一个是死者的堂弟，总在歌舞伎中扮演女主角的小林山夫。

矢村的调查结论认为，两个人都有杀死谷村的动机。久梅子非常宠溺自己女儿，可以说有求必应，谷村认为这不利于女儿的健康成长，就在前段时间向法院提出收回抚养权，因此久梅子很可能怀恨在心而杀死了谷村。

而小林山夫向来心术不正，又极爱赌钱。前不久他输了很多钱，来向谷村借，谷村不但没有借给他，反而把他训斥了一顿后赶出了家门。他也很有可能对谷村心怀不满，为了报复杀死谷村。

但是，矢村也发现两个人不可能合谋，凶手只能是其中之一，可这两个人究竟谁是凶手呢？矢村一下子不知从何着手了。

就在他举棋不定的时候，他一下子想起了谷村手中的那两个牡蛎黄，同时也想到了谷村生前是生物学教授，于是，他马上上网搜寻相关资料，然后，他最终认定凶手就是在歌舞伎中男扮女装的小林山夫。

矢村警长在资料中查到了什么，就完全认定了小林山夫就是凶手？

参考答案

矢村在资料中查到，牡蛎是一种雌雄同体的生物，也就是说牡蛎这个生物体存在着两种生殖功能，他会因时间的不同，改变自己的性别，由此，矢村便断定了谷村手中拿着牡蛎黄就是在指证杀害自己的凶手是小林山夫。

用橡皮来擦拭字迹

在很久很久以前，人们是用面包渣来擦铅笔字的，这种方法使用了许多年。不信的话，你可以去看西方古代题材的电影，里面主人公的书桌上都有一块小小的新鲜面包，把它用碟子盛着，和铅笔、纸放在一起。这就像我国古代的文房四宝一样。

在当时，面包不仅是食品，还是可以擦掉写错了字的"文具"。

西方国家的史料文献里记载：在18世纪以前，西方人写错字以后，就在

原处画一个黑团,再用他们的主食——面包来擦拭。这样做的确可以去除字迹,但同时也会把纸弄脏。

英国化学家普利斯特列也碰到过这种事情,但他很快就解决了这个问题,并且制造出了第一块现代意义上的橡皮。

1770 年一个夏日的夜晚,普利斯特列正在实验室里撰写论文,文章很长,而仆人为他准备的擦字的面包都被他使用完了。

他心想:"真是糟糕透了! 我的家人正在等着我共进晚餐,而这篇论文原本也是可以马上写完的,现在它污迹斑斑,我要交上去,还是撕掉重写,或者是明天再继续?"

烦躁的普利斯特列坐在书桌边,顺手拿了一块小橡胶瓶塞,无意地玩弄了起来。不经意间,他的手指被瓶塞擦得十分干净,他高兴极了,想道:"真好! 我就用它来擦铅笔字吧,面包渣那古老的玩意儿可以不用了!"

他拿橡胶瓶塞在写过字的纸上擦了起来,结果纸上的字迹很快就擦掉了,没有什么痕迹。

后来,这件事很快就传播开来,如今我们使用的橡皮就是以他使用的橡胶瓶塞作为雏形,改良而成的。

橡皮是人类在工作、学习、生活中必不可少的一种文具,它的出现为推动世界发展起到了非常关键的作用。

火车制造的故事

火车是 19 世纪人类的重大发明之一。它的出世提高了运行速度,缩小了人与人之间的距离,成为了人类不可或缺的交通工具。

1814 年,英国的斯蒂芬孙发明制造了新型的蒸汽机车。在他试车表演的时候,周围来看热闹的人熙熙攘攘,里三层外三层堵满了整个草坪。在观众将信将疑的目光中,他亲自驾车进行表演。装载着大量重货的火车,在一阵呼呼的喘息声中,飞快地向前疾驰而去。

　　开着火车,斯蒂芬孙心里非常得意,但是美中不足的是火车在飞驰的时候,发出了强大的噪声。于是人群里顿时炸开了锅,他们纷纷议论:"放牛娃也能造火车,真是笑话。"

　　"用蒸汽机做交通工具是不可能的事,完全是瞎折腾!"

　　听了别人的议论,斯蒂芬孙感觉特别没有尊严,他们为什么这么小看我的成果? 但是这些议论并没有打消他对火车研究改良的决心,他决定:再一次进行改良试验。

　　斯蒂芬孙出生于一个贫困的家庭,父亲是一名普通煤矿蒸汽机的司炉工,母亲是一名家庭主妇。他8岁时,为了家里维持生计,就去给别人家放牛。在放牛的时候,他经常用泥巴做成蒸汽机、锅炉、汽缸、飞轮……他的"作品"虽然用料粗劣,但是他却做得非常精细。

　　等到了14岁,他非常幸运地找了一份见习司炉工的工作。他对机器制造有极高的天赋。头脑灵活的斯蒂芬孙曾利用清洗机器的机会,把一台蒸汽机全部拆开,又重新组装起来。

　　后来他听说,英国人特列维蒂克制造出了第一台蒸汽机车,但是由于速度太慢并且经常出轨,便放弃了对蒸汽机车的研究。还有另外一个英国人也制造出了蒸汽机车,速度比牛还慢,更可悲的是,这种蒸汽机车最多只能拉动十几千克的货物。

　　"正因为现在世界上还没有人能够设计制造出实用的火车(蒸汽机车),我才下定决心要研制一台这样的车。"经过种种失败,斯蒂芬孙更加坚定了自己改良火车的决心。

　　他开始仔细检验着自己制造的火车存在的不足,并没日没夜地加以改革。经过一段时间的研究,他终于得出了结论:"火车震得厉害;怕因为温度过高引起锅炉破裂;炉膛里的煤燃烧不是很充分……那我就给火车加上防震弹簧;把加入锅炉的冷水先进行预热处理;在汽缸里通上一个小小的管子,排出废气,使煤烟出得更顺畅……"

　　于是他把这些想法都搬到了改良措施中,大胆地对原有火车进行彻底的改革。

1825 年 9 月 27 日，斯蒂芬孙在众人注目之下又进行了火车试行。这一次，他的"旅行"号火车终于成功了，每小时行驶 24 千米，同时载了 450 个乘客和 6 节煤车。历史将这一天和这个火车的发明者——斯蒂芬孙，一起永远地记入了世界史册。

思维小故事

鸵鸟之死

W 国为了庆祝建国 50 周年而举行了一系列盛大的庆祝活动。除了鲜花、彩车、巡游外，动物园还特地从非洲订购了一批珍稀动物，免费向公众巡展一周。

这次从非洲运来的动物中，不仅有鸵鸟、大象、狮子这些大家熟知的动物，还有白犀牛、山地大猩猩等难得一见的珍稀品种。因此，每天赶来参观的人络绎不绝，动物园里出现了从未有过的热闹场面。

今天是免费开放的最后一天，当动物园的大铁门打开后，站在最前面的孩子们便欢快地叫起来，一窝蜂地朝前冲去。

忽然，从人群中传来孩子的惊声尖叫，大人们连忙跑过来一看，也吓了一大跳。只见两只新运来的鸵鸟倒在血泊之中；更可怕的是，凶手残忍地剖开了鸵鸟的肚子。

警察在第一时间赶到了现场，他们经过仔细勘察，在一个偏僻的角落发现了被锯断的铁栏，地上遗留了麻醉枪的弹壳。显然凶手是有备而来的，他首先锯断栏杆，用麻醉枪制服鸵鸟，然后迅速作案并离开，现场没有留下任何指纹和有价值的线索。

警察局局长一边察看现场，一边忍不住咒骂："该死的凶手！为什么用这样凶残的手段来对付两只鸵鸟？"

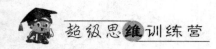

一同赶来的侦探华生点头说道："不错，这正是问题所在，为什么？"

警察局局长不明所以："不知道。难道凶手是心理变态？"

华生摇头说道："显然不是，我想凶手的目的并不是杀死鸵鸟，因为他使用的是麻醉枪而不是真枪，他的目的应该是取走鸵鸟肚子里的东西！"

警察局局长有点糊涂了："可是他为什么要这么做呢？你的意思是，这是一桩无头案？"

华生笑笑说："不，凶手应该就是运送动物的公司，而且这应该是一桩走私案。"华生为什么说这是一桩走私案呢？

鸵鸟没有牙齿,所以拥有不同寻常的胃,它依靠吞食大量碎石子来弄碎食物帮助胃来消化,这种小石子不排泄,会一直留在胃里。因此走私犯觉得这是个很好的从南非走私钻石的机会。他们让鸵鸟吞食了大量钻石:等到回国前再想办法杀死鸵鸟,取走钻石。

裂纹青瓷的诞生

瓷器是中国悠久文化的一部分,在英语中"中国"和"瓷器"是同一个名称,也就是说瓷器是中国的标志。

我国烧制瓷器的历史从商代算起,有3000多年的历史。到了宋朝的时候,景德镇被公认是享誉世界的"中国瓷都"。在所有瓷器之中,当时浙江的青瓷在全国有着最高的知名度,直到现在,青瓷也是中国收藏家最为青睐的收藏品之一。

青瓷的发明,给各位瓷器爱好者和收藏家提供了极大的乐趣。现在,我们就来讲一个有关裂纹青瓷的故事。

从前,在浙江龙泉有两个亲兄弟分别开了烧制青瓷的窑,一个叫"哥窑",一个叫"弟窑"。由于哥哥的技术过硬,烧制的青瓷供不应求,但他却十分保守,不愿意将方法传授给弟弟。弟弟眼睁睁地看着哥哥的生意日益兴隆,而自己的却日渐冷清。他想方设法请求哥哥传授一下烧制青花瓷的秘方,但是自私的哥哥就是不肯说出来。就这样,仇恨的种子就深埋在了弟弟的心里。

"我挣不到钱,你也休想挣钱。"一天深夜,弟弟决定给哥哥一点颜色看看。于是他挑来了一担冷水,悄悄地走到了"哥窑"。

弟弟明白烧窑时温度高达 1 000 多摄氏度，要是遇上一担冷水，轻则一窑的青瓷完了，重则连窑带瓷一起炸掉。为了达到报复的目的，狠心的弟弟把一担冷水用力泼了过去。干完这些以后，弟弟带着喜悦回家睡觉去了。

第二天，哥哥打开自己的窑一看，顿时惊呆了："呀，怎么变成这个样子啦？哪来这么多裂纹？"哥哥急得要哭出来了，他俯下身仔细地端详起来，一个个瓷胎上布满了裂纹，裂纹没有规则地排列着，看上去古朴典雅，甚至比以前烧制的青瓷更加美观，更加有韵味。

"呀，没有碎！"哥哥非常谨慎地拿起一块瓷胎看了看，满怀惊喜。"要是哪位商人对这种裂纹感兴趣，说不定还能卖个好价钱呢。"哥哥想，"试试看，不能就这么让一窑的青瓷全毁了。"

不同寻常的事情果然发生了，这窑青瓷极受欢迎，甚至有人说那裂纹是精心烧制的，而且这青瓷比一般的更结实，看上去更加古典。于是哥哥想："既然这种裂纹青瓷这么好卖，我为什么不去多做一点呀？"

因祸得福的哥哥问清了弟弟事情的经过后，就专门烧制这种裂纹青瓷。他烧制出新的裂纹青瓷广受青睐，很快就被顾客抢购一空。

浙江的裂纹青瓷就这样一直得到中国甚至外国人的欢迎，成为全世界人的抢购对象。

充气灯泡的发明

1879 年，美国著名发明家爱迪生发明了炭丝电灯，这个发明为人类的文明和发展迈出了决定性的一步。但是遗憾的是这种白炽灯不太亮，寿命也较短。

后来通用电气公司的研究人员库里奇发明了用钨丝做的电灯泡，由于通电后钨丝容易变脆，灯泡的寿命受到严重的影响。因此，公司领导要求实验室的研究人员攻克延长钨丝寿命这一难关。1909 年夏天，化学家米兰尔来到美国通用电气公司从事钨丝电灯的研究工作："把玻璃灯泡内的气体全部抽掉，这是目前最佳的方案。"研究人员告诉米兰尔。米兰尔对"真空灯泡"产生了浓厚的兴趣。他想："要想攻克这个难关，必须弄清钨丝变脆的原因。"

于是在其他科学研究人员的支持下，米兰尔立即投身于改良电灯泡技术的研究中去。他认为："钨丝变脆是由于钨丝内的气体杂质引起的。在高真空的条件下，加热各种灯丝样品，测定每种灯丝产生的气体量。"

很快，米兰尔把自己的想法付诸了行动。他用实验结果表明自己的想法是正确的。他分析了一下现实情况，终于理出了头绪，他想："没有在真空条件下长时间加热的灯泡，玻璃表面会慢慢释放出水蒸气，这些水蒸气与灯泡内的钨丝发生化学反应，产生氢气；而在灯泡接头的地方，一些材料也会释放出气体，正是因为这类气体的化学作用，才使钨丝变脆，灯泡壁变黑，因而降低了钨丝灯的使用寿命。"

于是米兰尔把自己的实验结果公布于众，他说："把各种不同的气体分别充入灯泡内，看看各种气体和钨丝会有什么样的反应。"

这个结论马上受到了那些提出"只有进一步提高灯泡的真空度，才能最后解决难题"理论的人极度不满，因为这两个理论，是大相径庭的。

最后经过一番激烈的讨论，米兰尔用自己的实验和科研成果说服了大家。他们一致同意米兰尔的意见，决定由他挂帅带领科学研究小组，进行一系列的有关改良充气电灯泡的课题研究。

于是米兰尔分别把氧气、氮气、氢气、水蒸气、二氧化碳等气体分别一次次地充入灯泡，并在高温、低压等不同的外界条件下进行测试。

"你们看，在高温下氮气并不离解，许多蒸发出的钨原子，撞击到氮分子后，又回到了钨丝上。"米兰尔指着手中的试验品，激动地说："也就是说，氮气对钨丝有保护作用，能使钨丝寿命延长。"他觉得自己又向成功跨进了一步。

后来又经过4年的艰苦奋斗，米兰尔终于制造出了功率大、寿命长、效率高的充气灯泡。之后，他又发明了以氩气代替氮气制成的小功率充气灯泡。

米兰尔发明的充气灯泡对高温、低压下化学反应的研究贡献很大,并且于 1928 年获得了美国化工学会颁发的帕金奖章。而他发明的充气电灯泡一直沿用至今,成为了千家万户必备的照明工具。

思维小故事

萨斯城的绑架案

在海滨小城萨斯,最近发生了一起性质极为恶劣的绑架案。

被绑架的人是萨斯城著名演员多恩的小女儿琳达,今年刚满 13 岁,上小学 5 年级。星期一的早上,琳达的妈妈和以往一样,开车把她送到学校,简单嘱咐几句就离开了,可是晚上再去学校接琳达的时候,学校的老师告诉她,孩子已经被人接走了。

晚上,正当多恩一家人发疯一样寻找琳达的时候,一名自称是绑匪的人打来了电话,说琳达现在在他们手上。为了让多恩一家人相信,并确定小琳达还活着,他们让小琳达和父亲通了话。绑匪提出的条件是,要多恩支付 30 万英镑,并不许多恩报警。多恩一时没了主意,为了保证女儿的安全,他竟然真的没有报警,而是按照绑匪的要求,自己去指定的地点交钱了。本指望绑匪收到钱后就会放了小琳达,可绑匪见多恩不但没有报警,而且这么短的时间就把钱给送来了,不禁起了更大的贪念。不但没有把小琳达放回来,反而要求多恩一家人再拿 30 万英镑来才肯放人。

这样,多恩在无计可施的情况下不得不向警察求助了。警察接到多恩的报案后,立刻组成了破案小组,由多利警官负责指挥。

为了尽快破案,抓到绑匪,同时确保小琳达的安全,警察局出动了大量的警力,对全城进行排查,最后锁定郊外一家废弃的仓库,并在里面找到了非常虚弱的小琳达。被放出来的小琳达清醒后告诉警察,绑架她的人是两

名中年男子，他们本想跟琳达的父亲再要 30 万英镑以后，就逃之夭夭，可突然听说警察正在全城搜查他们，于是赶紧带上钱，往海上跑去了。

"不好，罪犯要走水路！"多利警官知道，离萨斯城不远的海域就是公海，罪犯一旦逃到公海上，警察就拿他们没辙了，于是，多利警官立即一边带领人马向海边赶去，一边调遣直升机前来增援。

这时，在海边，警方看到两名罪犯已经驾驶一艘汽艇跑出了一段距离。警察来到海边后，马上也找到一艘汽艇，两名便衣警察立即跳了上去，开始全速追赶罪犯，这时，警方增援的直升机也赶到了，多利警长坐上直升机，在空中指挥。

警察的汽艇开得很快，眼看就要追上他们了，只要再快一点儿，就可以超过罪犯将他们拦截。可是，公海就在眼前，超过去拦截已经不可能了，只

有将罪犯当场击毙。可两位便衣警察并没有随身带枪,怎么办? 警长多利决定,在直升机上击沉罪犯所乘的汽艇。

此时,已是晚上19:00左右,天色已经暗了下来,从直升机上根本分辨不出哪艘快艇是罪犯开的,直升机上射击人员正在不知所措的关键时候,多利警长冷静地观察了海面上的两艘汽艇,然后果断地下令道:"向左边的那艘开火!"

结果证明,多利警长的判断是对的,那么你知道多利警长是如何分析出左边的那艘是罪犯的汽艇吗?

参考答案

多利警长是通过汽艇开动后尾部水波纹的大小情况来判断的,汽艇开得越快,其接触水的面积就会越小,引起的波纹就会越小。由于警察的汽艇比罪犯的开得快,所以警察汽艇后面的波纹就比罪犯汽艇后面的波纹小。多利警官在关键时候利用波纹的科学知识将罪犯的汽艇分辨出来了。

"门外汉"发明的机关枪

我们在电视里经常看见枪战的场景,像机枪这种杀伤力极强的高级武器是由谁发明的呢?

发明者的名字叫马克沁,他是美国的电气机械发明家。

早在19世纪下半叶,用枪射击就风靡了整个美国,一些有钱人都把射击当作一种时尚,一种消遣。他们经常在一起玩枪、交流、嬉戏,有时也举行射击比赛,从中得到快乐。

有一次,电气机械发明家马克沁带上步枪参加了射击比赛,但是由于他在这方面是个"门外汉",没有天赋,结果成绩很差。不仅如此,他的肩膀上还被沉重的步枪震得青一块紫一块,非常疼。"唉,这种枪玩起来这么难受,看来我要想办法把它改进改进了。"

马克沁本来打算由此要好好练习射击技术的,可是此时此刻,他突然冒出了要改良步枪的念头。于是他对原来的步枪进行了研究,在查阅了许多有关资料后,他对步枪有了进一步的了解,这大大增加了他要改良步枪的欲望。于是他加倍留心周边的事物,期望得到改良的灵感,他想:"现在市面上的步枪射击速度慢、使用麻烦,为什么不制造出一部能够连续射击的新型枪械呢?而且步枪沉重,射击时的震动又大,如果连续射击的话会大大损害身体。我一定要把它改良成射击速度快、使用方便又轻巧的枪械。"

于是马克沁开始着手对新型机枪的研究,最后他制造出了一种自动化连发步枪。由于这是个"新品",所以他向美国专利局申请了专利。

专利局那边当时未予通过,专利局是这样回应马克沁的:"你还是搞你的机械发明吧,对枪一窍不通的人来搞枪械发明,实在是异想天开的事情。"

这件事大大刺伤了马克沁的心,因为他当时确实是枪械类的"门外汉",只是凭借浓厚的兴趣研制而已,就是在电气机械制造领域,他也不是"科班出身"。

他小时候家里非常穷,读完小学二年级以后便辍学在家,帮忙料理家务。为了谋生,他15岁开始就进了一家工厂当学徒。由于对机械方面有浓厚的兴趣又肯刻苦钻研,再加上良好的天赋,才在电气机械制造上有了独到见解,制造的器械得到了这个行业的人士一致肯定。

马克沁虽然没有得到美国专利局的认可,但是他没有否定自己,带着这项发明来到了英国伦敦——一个对发明创造非常重视的国度,与此同时他对自己设计的自动步枪进行了改进,能开锁、退壳、送弹、关闭等一系列动作,实现了单管枪的自动连续射击。就这样,在1883年他设计制造的性能更加完善的新一代自动步枪终于销售成功了。

接着,马克沁对自己的步枪继续进行了改进,他希望能设计出一款射击速度更快、震动更小的自动步枪。于是,一种能把帆布弹带上的子弹推上膛的装置设计完成了,一个帆布弹带能装250发子弹。

在实验成功以后,马克沁高兴极了,但是马上他发现了这种自动步枪的缺点,那就是,在自动步枪快射一阵以后,枪膛里的温度特别高,连枪管都给烤红了,如果不把温度降下来的话,这种枪还是没有市场、没有使用价值的。他把一些零件重新加工、组装,再试验,再组装。在这样改装的过程中,他攻克了所有的难关。

最后他发明了世界上第一支现代化的机关枪,每分钟能连射 600 发子弹。

有了杀伤力极强的机关枪,大大提高了国防部队军人的效率,同时降低了伤亡人数,它成为了现代战争必不可少的一款武器。

钩在一起的火车

在很多年以前,人们用长长的铁链来连接火车的车厢。虽然同一时间段可以运送很多的客人或者货物,但是也有弊端,浪费人力和时间、效果也不好、接头不牢固,遇到爬坡、急转弯等情况,车厢很容易脱节,甚至出轨翻车。

有个叫哈姆尔特·詹内的美国人,是一名负责拴车厢的普通工人。每天早上从火车进站的那一刻开始,詹内就得从车头到车尾忙着拴铁链,一丝不苟地完成工作。

然而长期地这样工作,詹内感到身心疲惫。为了使这项工作更加容易一些,每天下班后,他都会思考同一个问题:"我要怎么办才能有效地拴住火车车厢,既省事又牢固?"

天天冥思苦想的詹内,有一天不经意间走过一个街心公园,突然听到一片嬉闹声,他好奇地朝着那个方向看,只见一群孩子正在公园里做游戏。他们面对面地站着,脚顶着脚,手臂伸直,手指钩在一起,身子向后倾,相互之间的拉力非常牢靠,让他们一直悬着不倒下,非常好玩。

"用手钩着手"?詹内在孩子们的游戏之中受到启发,迅速赶回家,把大致的想法画在了图纸上。

然后他拿出了家里的一套工具，做起实验来。他把两块长木头做成了两只手的模型，然后让它们互相弯曲地钩在一起。但是当他把两只木手放在火车上进行实验时，却发现这个实验行不通，木质的手柄不灵活，让火车行动得很迟钝。

"怎么改进呢？对了，我可以给每一节车厢改良，制造出'火车自动挂钩'。因为火车挂钩是用铁做的，它就像火车车厢的手一样，是一种在'掌心'上设置的机关。只要遇到了另外一只'手'，它们就会紧紧地握在一起了，在火车奔跑时也绝不会松开。要想分开，还得启动'松开'的机关。"

后来凭借着这个想法，他做了千万次的改进，终于制作出了火车自动挂钩，这些火车挂钩是用铁铸造而成的。

从此火车有了"自动挂钩"这双"灵巧的手"，铁路工人再也不必像过去那么辛苦了。火车变得更加安全和灵活，维修保养更方便了。哈姆尔特·詹内发明的这项火车自动挂钩，使火车的发展史又翻开了崭新的一页。

思维小故事

寻找毒品

圣马丁警官是 K 国缉毒部门的负责人，自他上任一年多以来，已经有数十名毒贩落入法网，在 K 国边境地带公开的贩毒活动几乎全部消失。

许多毒贩只好潜逃到和 K 国接壤的 L 国境内，他们把基地转移到警备松懈的 L 国边境后，每天派一小队人马外出兜售，最后到 L 国境内成交。

他们知道圣马丁的缉毒分队只能对 K 国境内的犯罪活动进行打击，不能越界抓捕罪犯，便和圣马丁玩起了"猫和老鼠"的游戏。每当圣马丁收到线报，出动警员准备抓捕的时候，他们就立刻逃到 L 国，缉毒队员只能干

挑战你的想象力

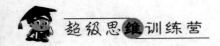

瞪眼。

圣马丁经过长时间的缜密策划，制订了一个代号叫作"袋鼠"的秘密行动计划。他们决定趁着夜色，以最快速度到毒贩藏匿的 L 国境内，一举抓捕所有毒贩，然后把他们兜售的毒品都带回销毁。当然，这样的行动必须迅速无误才行，否则惊动了 L 国的话，将引起外交上的麻烦。这天夜晚，圣马丁和缉毒队员们悄悄潜入 L 国境内，缉毒队员在最短的时间内将全部毒贩轻松抓获。

他们正准备将毒品一并带回时，遇到了麻烦。毒贩们把毒品装进了一个空心的木头里，而他们面前摆放着整整 7 根大木头，到底哪根是挖空藏有毒品的呢？

要是不能人赃并获,是无法给毒贩定罪的,毒贩非常清楚这一点,便死活也不开口。一位下属提醒圣马丁,装有毒品的木头一定比普通木头轻,其余的6根应该都是一样重的,可以在现场用一块钢板和一个水泥墩制作出一个简易天平,一一测量,从7根大木头里挑出藏有毒品的一根。

这倒是个办法,但是太费时间,他们必须尽快离开L国。在关键时刻,圣马丁想出了一个最简单的方法,挑出了那根藏有毒品的木头,顺利完成了任务。

聪明的朋友,你知道圣马丁是如何做到的吗?

参考答案

其实,只要称两次就能得出结论。先把一根木头放到一边,将其余的6根分两份放到天平上,每一边有3根木头,如果两边一样重,那么放在一旁这根木头就装有毒品;如果一边比较轻,那么取轻的那边,用上述同样的办法再称一次,就可以得到正确的答案了。

运动场上的哨子

你们喜欢观看足球赛事吗?那么有没有观察到每一个裁判都有一个哨子呢?知道为什么用它作为裁判的工具吗?这就要从有警笛响起的赛事说起了。

1875年,在英国伦敦举行了一场激烈的足球比赛,由于参加比赛的两支球队技艺都很高超,所以慕名而来的观众居然有上万人。一眼望去,密密麻麻的一片,熙熙攘攘的人群站满了看台。正当人们津津有味观看足球赛事的时候,令人意想不到事情发生了。

在比赛只剩下10分钟的时候,双方的比分还是平局。这时双方为了一

个已经踢入了球门但存在犯规的球而发生了争执,眼看就要动手打起来了。

场下的球迷也是一阵骚动,情不自禁地纷纷冲进了球场。球迷们为了支持自己的偶像,与对方球队的球迷扭打成了一团。一时间,整个赛场失控了,一场殴斗事件即将上演。

幸运的是,此次比赛的裁判,刚好曾经是一名警察。他毫不犹豫地吹响了鸣笛,因为凭着做警察的直觉,他想道:"我必须马上制止这种局面,否则后果将不堪设想。"

观众们听到警笛声,都以为赛场上出现了刑事罪犯,便很快顺从地回到了观众席上,球员们也停止了争执。

恰巧,在这场赛事的观众中,有这样一位球迷,他是专门研究体育科学的专家。看到了这一幕,他得到了灵感,心想:"真是太令人难以置信了,一阵警笛声居然使这么大的赛场安静了下来!我可以发明一个像警笛那样的哨子,用于专门维持赛场秩序。"

于是这位专家迫不及待地赶回家,进行了实验。他的新一代的裁判哨不久就制作成功了,它代替了裁判员的各种口令,使赛场的赛事变得井然有序、赏罚分明。后来这种裁判哨被应用到了其他各项体育赛事中,成为了体坛裁判的必备工具。

舒适的耐克鞋

耐克鞋是我们非常喜欢穿着的运动鞋之一,它既有弹性又防潮,深受人们的喜爱。

这么精美的耐克鞋是怎么产生的?这也会有历史吗?它是由美国俄勒冈州立大学体育系的一位名叫威廉·德尔曼的教授发明的。威廉·德尔曼是一个聪明的人,他也十分喜欢观察事物,富于想象。

一天中午,威廉·德尔曼陪着妻子在家里做午饭。他注意到妻子在烤饼时,用传统的带有一排排小方块的凹凸不平的铁板压制出来的饼,既好吃,又很有弹性。这引起了他的兴趣,他想:"如果用做饼的方法来做鞋底,把烤过的橡胶压上去,鞋子不就更有弹性了吗?"

他觉得这是一个改进运动鞋弹性的好时机,于是他把自己看到的和想到的记录在了纸上,然后就做了一个小实验。

他抱着试试看的态度,拿来一块橡胶钉在妻子的鞋底上,让妻子走两步试试看,妻子穿着被威廉·德尔曼改进过的鞋子,感觉非常舒服。威廉·德尔曼自己也做了一双,试了试,感觉非常不错,穿在脚上既轻快,又富有弹性。

威廉·德尔曼的第一步成功了,他欣喜若狂。然后他一头扎进了实验室,做起了实验,这回的试验较之前的更为专业些。功夫不负有心人,他终于研制出了一种既富有弹性又能防潮的耐克运动鞋。

现在,耐克运动鞋已经成为了世界上最受欢迎的运动鞋品牌之一。

思维小故事

被杀的猫头鹰

夏季的一天下午,著名昆虫学家法布尔正在院子里研究蚂蚁的生活环境。巴罗警长走了过来,摘下帽子擦着汗说:"法布尔先生,你知道吗,格罗得先生将他那只心爱的猫头鹰杀死了,并且剖开了腹部。"

"昨天晚上,格罗得先生家里到访了一个巴黎客人,他叫巴塞德,也是位钱币收藏家,他来此地是想让格罗得先生鉴赏几枚日本古钱的。正当他们在书房讨论自己的珍藏品,相互鉴赏的时候,巴塞德发现带来的日本古钱丢了3枚。"警长接着说。

"是被人偷走了吧?"

"应该不是,因为书房里只有他们二人,巴塞德先生认为肯定是格罗

得先生偷的。但追问格罗得时,格罗得却当场脱光了衣服,让巴塞德随便检查。可是什么也没有找到,就连书房内也搜了个遍。"这位警长仿佛自己当时在场一样有声有色地说着。法布尔仍在埋头自顾自地观察蚂蚁的队列。

"格罗得偷他古钱的时候,巴塞德没看见吗?"

"没有,他正在用放大镜一个一个地欣赏着格罗得的收藏品,一点儿没有察觉。不过,那期间格罗得确实一步也未离开自己的书房,更没开过窗户,所以,即使偷去了古钱也不会藏到外面去。"

"那么,当时他在干什么?"

"据说是在鸟笼前喂猫头鹰吃东西。"

"那古钱究竟有多大？"法布尔先生走到警长面前坐了下来，似乎对这个案子开始感兴趣了。"长3厘米，宽2厘米，共3枚。再厉害的猫头鹰，也不可能把这种东西吃进肚里吧。但是，巴塞德总觉得猫头鹰可疑，一定是它吞了古钱，希望剖腹一查究竟。而格罗得却反问，如果杀掉还找不到古钱又怎么办？能让猫头鹰再复活吗？"

"这可麻烦了。"

被他这么一说，巴塞德也不那么确定了，于是当夜也没有报案就上二楼客房休息了。谁知今天早晨一起床，格罗得就亲手将那只猫头鹰杀掉并剖开了腹部。

"可是，连古钱的影子也没见到。"警长接着又说了下去。

"那么，是不是深夜里格罗得将猫头鹰给换了？"

"不，是同一只猫头鹰。巴塞德也很聪明。他在上楼前为了不被格罗得调包，他悄悄地在猫头鹰身上剪短了几根羽毛。并且在今天早晨还对照检查过，认定了没错。"

"真是细心呀。"

"如果这只猫头鹰没有吞掉古钱，那么，3枚古钱到底会在哪儿呢？它们又不可能在猫头鹰肚子里融化，真是不可思议。巴塞德也无可奈何，最终还是报了案。所以，刚才我去格罗得的住宅勘察时，也看到了猫头鹰的尸体。"

"先生，您是怎样认为的？"警长接着说。

法布尔思考了一下，慢慢地说："其实很简单，是格罗得将古钱藏起来了。"

"可是他是怎么藏起来的？又藏在哪里了呢？"警长疑惑地望着法布尔问道。

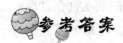

参考答案

法布尔望着警长困惑的脸，不禁笑道："我在采集昆虫标本时，经常发现大树底下有小鸟和老鼠的骨头。而在它们所在位置的大树上一定会发现猫

挑战你的想象力

头鹰的巢穴。猫头鹰抓住猎物后,不管是小鸟还是老鼠都是整个吞食的,之后会把消化不了的骨头吐出来。"

停顿了一会儿,法布尔又说道:"这样您就明白了吧。格罗得在晚上喂食猫头鹰时,将3枚古钱掺杂在肉中,猫头鹰将它们整个吞下。第二天早晨,猫头鹰吐出不消化的古钱,格罗得赶紧将它们藏起来,然后状似无辜地杀了猫头鹰,并剖腹检查,以此证明自己的清白。"

能移动的亭子

鲁班是木匠的鼻祖。"班门弄斧"这个词语就是根据他而形成的,意思是在行家面前耍大刀、炫耀功夫了得。他是个神通广大的人物,就连我们使用的雨伞,也是鲁班的杰作之一。

作为一代宗师的鲁班,在他很年轻的时候就非常出名了。他手艺高超,许多达官贵人纷纷邀请鲁班师傅来建造一些亭子和阁楼。

鲁班受到了许多人的爱戴,非常自豪,便跟妻子说:"我想出去见见世面,或许那样能长更多的本事。"

妻子云氏非常了解鲁班的为人,她明白那是丈夫的虚荣心在作怪,怕他在外面吃亏,便说:"我们来比试一下吧!"云氏看看窗外飘起的细雨继续说:"半个月之内,我们做出能为人们遮风挡雨的工具,谁做出来的更实用一些,就算谁赢,怎么样?"

鲁班心里暗暗盘算着:"我是专业的木匠,而妻子只是一名家庭主妇,这种差距恐怕也太大了"便很爽快地答应了,他准备赢了妻子,再去闯荡江湖。

一开始,鲁班总是出去闲逛,并不急着建造什么工具。而是一到下雨的时候才出去观察雨水滴落在屋檐上的景象。他发现,雨水聚集在屋顶上,稍微凹陷下去的部分,雨水会越积越多,甚至压坏屋顶,造成漏水。

于是鲁班花了一些时间在路边上造了10多个尖顶的"亭子",每个亭子有 4 个斜面，每个棱角都是向上翘的燕子尾。只要到了下雨天，雨水就会顺着斜面往下滑，一点儿都不会聚积。而且鲁班只用了 4 根柱子支撑顶棚，方便出入，在突然刮风下雨的时候，人们就不会在雨中毫无遮拦，找不到方向了。

而此时，云氏在想什么呢？云氏看着丈夫造好的亭子，有了一个绝妙的办法："我要造一座可以移动的'亭子'"。她仿造鲁班的亭子，用树枝和竹子做了一个亭子的框架，然后在上面糊上防水的油纸。然后再为它安装上一个小机关，让它可以收起来。这样一来，不管是晴天或雨天，都能派上用场，而且可以随时带着走。"

二人约定的时间到了，鲁班约妻子把自己修建的 10 座亭子一一参观了一遍，妻子微笑着说："很不错，果然是神匠鲁班。"他听了后胸有成竹地对妻子说："这次，我是赢定了！老婆，你也把你的'杰作'拿出来看看吧"。

只见云氏拿出了她自己制作的"伞"，她说："我也制造了一座'亭子'。不过，是一座可以移动的'亭子'，而且可以随时带着走"。

鲁班听了妻子的话，又看了看她的伞，觉得这种伞既方便又安全，而且制作成本低，制作过程快捷，是一个非常好的工具。鲁班决定不走了，留下来和妻子共同改进伞，把伞做得既精致又耐用。就这样，第一把伞就在他们手中诞生了。

到了现代，人们还是利用他们做伞的原理来生产制作伞，不同的是，现代的伞经过改良和美化，不仅成为了一种方便携带的雨具，还能给人以美化的作用。

牛仔裤是伪劣服装吗

在 19 世纪 50 年代，世界各地发起了到美国淘金的热潮。一位名叫李维·施特劳斯的德国人，就是这些做着黄金梦的淘金者之一。

他告别父母，只身一人来到了美国。可是到了美国后发现事实并没有

挑战你的想象力

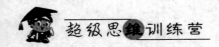

他想象的那样简单,在那里并没有想象中的大片的黄金。并且几个金矿早已经人满为患,大批赶来的淘金者像蚂蚁一样,密密麻麻,漫山遍野。

"花了那么多路费,千里迢迢地来到这儿,难道就这么两手空空地回去吗?"施特劳斯非常苦恼,他一直在思索着要做出点成绩来才回老家。

李维·施特劳斯呆呆地坐在路边,他望着熙熙攘攘的人群,突然眼前一亮,心想:"这些淘金者和牛仔们要生存,需要大量的生活用品,我要是开一家杂货店,一定能赚钱。"

于是说干就干,第二天,李维·施特劳斯就在金矿的附近开了一家小杂货铺。结果正如他所想的那样,每天都有顾客来光顾,真可谓门庭若市,十分火暴。

一天中午,几个淘金者和牛仔们买了几瓶酒,在他店里边喝边聊。一个牛仔非常苦恼地指着身上穿着的裤子说:"你们看,这裤子的布料实在是太差了,刚买的还没有穿几天就磨坏了。"

李维·施特劳斯是个非常具有经商天赋的人,听到他们的话,立即想:"扩大杂货店的经营范围,引进一些结实耐磨的布料,进行服装加工,多好啊!"

果然不出所料,李维·施特劳斯的第一批裤子刚摆出来,就被顾客疯抢一空。但是令人烦恼的是,尽管制造裤子的布料已经用完了,但还是有很多顾客前来订货,而且时间非常紧迫,必须在3天内完成任务。

"怎么办呢?进货是来不及了。"一向诚实守信的李维·施特劳斯陷入了进退两难的地步,"对,把仓库里用来做帐篷的帆布拿来做裤子吧。"他马上来到仓库挑选布料。可是仓库的帆布数量也很有限。他大失所望,"唉,现在是实在没有办法了呀",他想:"只有偷工减料,将裤裆做短一点儿,裤腿做紧一点儿了。"

就这样,李维·施特劳斯紧赶慢赶把裤子按期完成了。3天后,这批"伪劣商品"被顾客取走了。他做了最坏的打算:如果有人要退换货,就低价卖给别人。

过了几天,人们都来找李维·施特劳斯,他以为是来算账的,吓得不敢出门。可是没想到，他们不是来退货的，而是订货的："这种裤子不仅耐磨，而且穿起来非常舒服，大方又得体，非常便于牛仔上下马。"

从此人们因为这种裤子非常适合牛仔们穿，所以就称这种裤子为"牛仔裤"。

思维小故事

寻找血型

一天晚上，传媒大亨约翰的大儿子布路斯一夜未归。第二天清晨，布路斯的尸体在他加入的高尔夫球俱乐部的更衣室里被人发现，警察们得到消息立刻来到了现场。

经过警方的鉴定发现，布路斯衣服上留有不同的血迹。不仅有他自己的 A 型血，还有 AB 型血。警察们以此判断这也许就是凶手留下的线索。那么，凶手到底是谁呢？

警方在调查中发现，布路斯的弟弟库克斯正为争夺公司总裁之位而与哥哥闹得不可开交，而恰巧库克斯在案发当天便神秘失踪了，他的血型无法确定。

警察们又了解到布路斯的夫人安娜是 B 型血，应该可以排除她作案的可能性。但引起警方注意的是安娜的哥哥弗吉，他也在案发的第二天消失了。所以他的血型也无从知晓。经过多方面的推理验证，此案涉及的相关人员就是这些人。

警长觉得案件非常棘手，便请来经验丰富的侦探尼克。尼克认真听完整个案件经过和细节，坐在椅子上默默地思考起来。突然他抬头问："有没有弄清约翰是什么血型？还有约翰的夫人？""这倒没有。"警长摇摇头说：

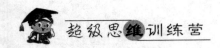
"我想这和他们应该没有什么关系。他们总不至于杀死自己的孩子吧？"尼克斩钉截铁地说道："答案已经近在眼前了，你马上派人去询问一下约翰和夫人的血型，我们就能确切地判断出凶手到底是谁。"

警长似乎明白了尼克的意思，他紧紧握住尼克的手说："我知道了，不愧是大侦探。果然了得！"警长回到警察局以后，立刻检验约翰和他夫人的血型，经法医鉴定，约翰是 O 型血，而他的夫人是 AB 型血。

现在你知道尼克是运用了什么知识，判断出谁是凶手吗？

参考答案

约翰是 O 型血,而他的夫人是 AB 型血,那么库克斯就不可能是 AB 型血。他只可能是 A 型或者 B 型血,所以他不是凶手。既然库克斯不是凶手,那么安娜的哥哥弗吉就必然成为怀疑的对象,警方在找到弗吉后,一查血型果然是 AB 型。

在实际案件侦破的过程中,血型常常是非常重要的线索。根据科学规律,血型是可以推算出来的,这对有些案件的侦破具有非同寻常的意义。

挑战你的想象力